新时期绿色建筑理念与其实践应用研究

王 禹 高 明◉著

中国原子能出版社

图书在版编目（CIP）数据

新时期绿色建筑理念与其实践应用研究／王禹，高明著．--北京：中国原子能出版社，2018.5
ISBN 978-7-5022-9070-2

Ⅰ．①新… Ⅱ．①王… ②高… Ⅲ．①生态建筑一研究 Ⅳ．①TU201.5

中国版本图书馆 CIP 数据核字（2018）第 114939 号

内 容 简 介

绿色建筑是全球建筑界最流行的议题,本书从世界绿色建筑出发,围绕国家绿色建筑标准,以全新的视角对绿色建筑的理念与实践应用进行了研究,是作者在多年研究经验的基础上结合诸多前沿性文献资料撰写而成的,是作者的智慧结晶。

全书主要在介绍绿色建筑基本理论的基础上,从绿色建筑的节能设计、绿色建筑的设计实践方面进行了研究,撰写过程中既注意将绿色建筑理念贯穿全书,又注重绿色建筑理论与实践应用的结合,是集科学性、时代性、学术性、可读性、实用性于一体的好书。

新时期绿色建筑理念与其实践应用研究

出版发行　　中国原子能出版社（北京市海淀区阜成路 43 号　100048）
责任编辑　　张　琳
责任校对　　冯莲凤
印　　刷　　北京亚吉飞数码科技有限公司
经　　销　　全国新华书店
开　　本　　787mm×1092mm　1/16
印　　张　　16.25
字　　数　　211 千字
版　　次　　2019 年 3 月第 1 版　2024 年 9 月第 2 次印刷
书　　号　　ISBN 978-7-5022-9070-2　　定　价　　64.00 元

网址：http://www.aep.com.cn　　E-mail：atomep123@126.com
发行电话：010-68452845　　　　　　版权所有　侵权必究

前　言

建筑是人类从事各种活动的主要场所。近年来,随着城市建设规模的不断扩大,以及科技发展和人们生活水平的提高,建筑能耗也越来越大。较高的建筑能耗直接威胁着人们的生存环境。因此,人们越来越关注如何转变高能耗建筑局面的问题。绿色建筑就是在这样的背景下诞生并迅速发展的。它具有高效节能、自然和谐的特点,与环境、气候、自然能源与资源等要素紧密结合,在有效满足各种使用功能的同时,可创造出健康舒适的生活和工作空间。当前,绿色建筑已经是全球建筑界最流行的议题。世界建筑和房地产业也正在发生着一场革命性的转变,即由传统的以高投入、高消耗、高污染和低效率模式为典型特征的粗放型建筑和房地产业向现代的以生态文明和可持续发展模式为典型特征的绿色文明型建筑和房地产业转变。

"绿色建筑"这一概念自 1992 年巴西里约热内卢"联合国环境与发展大会"上被首次提出后,从概念到实践,从内涵到外延都得到了极大的丰富和发展。在我国,绿色建筑的发展相对较晚,虽然近年来备受关注,在理论与实践发展方面也取得了不少的成就,但是与发达国家相比还是有一定距离。此外,"绿色建筑"还主要停留在政府层面和业内人士层面,普通民众对其认知不深,甚至有诸多的误解。因此,为了深化绿色建筑的理论与实践研究,给从事绿色建筑开发建设、设计咨询、施工、运营管理等的相关人员提供切实的指导,也为了让更多的普通民众正确认知绿色建筑,作者撰写了《新时期绿色建筑理念与其实践应用研究》一书。

本书内容共分为六章。第一章为绿色建筑的概念及发展状况,对绿色建筑的概念、可持续发展理论的提出及其内涵、绿色建筑与可持续发展、绿色建筑的目标及其实践原则进行了分析。第二章为绿色建筑节能设计概论，阐述了绿色建筑节能基础知识，研究了绿色建筑国内外现状。第三章为绿色建筑与节能，从绿色建筑节能技术、可再生能源的利用两方面进行了研究。第四章为绿色建筑技术与应用，对绿色建筑技术策略、主要绿色建筑技术特点、绿色建筑节能环保新技术进行了研究。第五章为绿色建筑的设计实践，就深圳建科大楼、上海申都大厦、杭州绿色建筑科技馆、"沪上·生态家"四个案例对绿色建筑实践进行了分析。第六章为绿色建筑的管理、施工与控制，包括绿色建筑管理的技术，绿色建筑的开发管理、运营管理、施工管理，以及绿色施工的技术。全书内容翔实，结构清晰，逻辑严明，语言流畅，既注重绿色建筑理念的贯穿，又注重绿色建筑理论与实践应用的结合，是集科学性、时代性、学术性、可读性、实用性于一体的一本好书。

在撰写本书的过程中，作者参阅了大量国内外有关绿色建筑的文献资料，并对其中一些专家学者的研究成果进行了引用，这里表示最诚挚的谢意。由于时间较为仓促，加之作者水平有限，书中难免存在一定的疏漏与不妥之处，恳请广大读者提出宝贵的意见和建议，以便日后更好地完善此书。

作 者
2018 年 3 月

目　录

第一章　绿色建筑的概念及发展状况 ·················· 1

　　第一节　绿色建筑的概念 ·················· 1

　　第二节　可持续发展理论的提出及其内涵 ·········· 5

　　第三节　绿色建筑与可持续发展 ··············· 8

　　第四节　绿色建筑的目标及其实践原则 ·········· 14

第二章　绿色建筑节能设计概论 ················ 17

　　第一节　绿色建筑节能基础知识 ·············· 17

　　第二节　绿色建筑国内外现状 ··············· 32

第三章　绿色建筑与节能 ··················· 42

　　第一节　绿色建筑节能技术 ················ 42

　　第二节　可再生能源的利用 ················ 60

第四章　绿色建筑技术与应用 ················· 82

　　第一节　绿色建筑技术策略 ················ 82

　　第二节　主要绿色建筑技术特点 ·············· 90

　　第三节　绿色建筑节能环保新技术 ············· 97

第五章　绿色建筑的设计实践 ················ 117

　　第一节　深圳建科大楼绿色建筑技术策略 ········ 117

　　第二节　上海申都大厦项目实例分析 ·········· 142

　　第三节　杭州绿色建筑科技馆绿色技术案例分析 ····· 153

　　第四节　"沪上·生态家"案例分析 ··········· 163

第六章　绿色建筑的管理、施工与控制 …………………… 173

　　第一节　绿色建筑管理的技术 ………………… 173

　　第二节　绿色建筑的开发管理 ………………… 181

　　第三节　绿色建筑的运营管理 ………………… 190

　　第四节　绿色建筑的施工管理 ………………… 204

　　第五节　建筑工程绿色施工的技术 …………… 213

参考文献 ………………………………………………… 246

结语 ……………………………………………………… 250

第一章　绿色建筑的概念及发展状况

虽然随着社会的发展，人们的生活水平越来越高，但是人们却面临着全球生态恶化、环境破坏、资源危机、人口膨胀、物种灭绝等威胁。在这种背景下，绿色建筑被人们作为一个全新的命题关注开来。绿色建筑该如何理解，应遵循怎样的发展原则是我们理解绿色建筑的基础，本章即对这部分内容进行分析。

第一节　绿色建筑的概念

一、绿色建筑的定义

"绿色建筑"中的"绿色"，并不是指一般意义的绿化，也不是表面上的绿色，而是代表了一种概念或是象征，是指建筑对环境没有危害，可起到环保作用，能充分利用自然环境的资源，并在不破坏环境的生态平衡条件下而建造的一种建筑，又被称为"可持续发展的建筑""生态建筑""回归大自然的建筑""节能环保建筑"等。在我国建设部颁布的《绿色建筑评价标准》中，对绿色建筑的评价体系共有六类指标，由高到低依次划分为三星、二星以及一星。当今社会节能减排成为制定《联合国气候公约》《联合国生物多样化公约》以及《京都议定书》的技术基础，发展绿色建筑成为世界各国的共同取向。

绿色建筑的内部布局也应十分合理，在条件允许的情况下，尽量地减少或避免使用合成材料，充分地利用太阳光，节省能源，创造一种接近大自然的感觉（图 1-1）。以人、建筑和自然环境的协调发展为目标，利用人工手段与天然条件相结合在创造健康、良好居住环境的同时,尽可能地减少和控制对自然环境的过度使用和破坏,尽可能地使建筑温馨,有大自然的味道。

图 1-1　绿色建筑环境

二、绿色建筑的基本内涵

绿色建筑所践行的是生态文明和科学发展观,其内涵和外延是极其丰富的,而且是在随着人类文明进程不断发展的,没有穷尽的,因而追寻一个所谓世界公认的绿色建筑概念并没有什么实际意义。理解绿色建筑时,主要把握住以下几个基本的内涵即可。

第一,节约环保。绿色建筑应当充分秉持节约环保的原则。在建筑的建造和使用过程中,一定要最大限度地节约资源(节能、节地、节水、节材)、保护环境、呵护生态和减少污染,将因人类对建筑物的构建和使用活动所造成的对地球资源与环境的负荷和影响降到最低限度,使之置于生态恢复和再造的能力范围之内。例如,世博零碳馆(图1-2),这是中国第一座零碳排放的公共建筑。它除了利用传统的太阳能、风能实现能源"自给自足"外,还将取用黄浦江水,将水源热泵作为房屋的"天然空调"。

图 1-2　世博零碳馆

第二,健康舒适。绿色建筑应当是健康舒适的建筑。也就是说,在建造和使用绿色建筑的过程中,必须注重创造健康和舒适的生活与工作环境。这一内涵也意味着建筑要以人为本,满足人们的使用需求,不能说为了节能而牺牲人的健康。例如,北京奥运村幼儿园(图 1-3)工程的能源系统,就体现了绿色建筑健康舒适的设计理念。

图 1-3　北京奥运村幼儿园

第三,自然和谐。发展绿色建筑的最终目的就是实现人、建筑与自然的协调统一。因此,在构建和使用建筑物的过程中,一定要注重亲近、关爱与呵护人与建筑物所处的自然生态环境,将认识世界、适应世界、关爱世界和改造世界,自然和谐与相安无事统一起来。建筑只有与自然和谐共生,才能兼顾与协调经济效益、社会效益和环境效益,才能实现国民经济、人类社会和生态环境又好又快的可持续发展。例如,2008 年北京奥运会主场馆"鸟巢"(图 1-4),从形式到内容都十分典型和巧妙地体现了绿色建筑自然和谐的理念。

图 1-4　北京奥运会主场馆"鸟巢"

在建筑研究领域内,也有人将绿色建筑称为节能建筑、智能建筑、低碳建筑、生态建筑或可持续建筑等。实际上,从上述基本内涵可以看出,绿色建筑的内涵更为广泛。一般来说,绿色建筑要求同时是节能建筑、智能建筑、低碳建筑、生态建筑、可持续建筑,但节能建筑、低碳建筑、生态建筑、可持续建筑不能简单地等同于绿色建筑。

总的来说,绿色建筑的建筑物不再是孤立的、静止的和单纯的建筑本体自身,而是一个全面、全程、全方位、普遍联系、运动变化和不断发展的多元绿色化物性载体。它改变了传统建筑孤立、静止、单纯和片面的特点。

三、绿色建筑的伦理原则

绿色建筑的伦理是指人们在对城乡的建设规划、决策及建筑的设计施工、评价和消费过程中所应当遵循的新的伦理原则和道德规范。绿色建筑应当成为实现人类可持续发展的重要环节。

绿色建筑的伦理原则归纳为以下五个方面:(1)对后代的责任与义务;(2)保护这颗星球的生命力及多样性;(3)对非再生资源的消耗降到最低的限度;(4)对社会的道德责任和义务;(5)维持在地球的承载之内。我们要研究绿色建筑的技术应当从绝大多数人的生存需要出发,从他们的经济承受力出发,使人们既乐于接受,也有能力接受。

第二节 可持续发展理论的提出及其内涵

近代以来,人们欣喜、陶醉于工业革命的巨大成就,整个社会物质、技术以前所未有的速度迅猛地发展着,对地球及其周围环境不间断的物质索取,将人类的欲望逐渐推向极致,却也使人类自身的生存濒临危难的困境,在这种情况下可持续发展的理论得以提出,并迅速蔓延。

一、可持续发展的概念

1987 年,联合国世界环境与发展委员会发布了长篇报告《我们共同的未来》,首次提出了"可持续发展"的定义,即"既满足当代人的需要,又不危及后代人满足其需求的发展"[1]。

1991 年,世界自然保护同盟、联合国环境署和世界野生生物基金会共同发表了《保护地球——可持续生存战略》,将"可持续发展"定义为"在生存于不超出维持生态系统涵容能力的情况下,改善人类的生活品质"[2]。

可见,可持续发展的含义是极其丰富和深刻的。一般来说,可持续发展的关键是保证发展的可持续性,要做好共同、协调、公

---

[1] 高殿军,李玉茹.可持续发展内涵[J].辽宁工程技术大学学报(社会科学版),2000(3).
[2] 同上.

平、多维、高效发展等方面。

可持续发展思想的共同发展主要是指地球生态系统中的各个子系统一起发展。

可持续发展思想的协调发展主要是指经济、社会、环境三大系统以及世界、国家、地区三个空间层面的协调发展,还包括经济与人口、资源、环境、社会以及内部各个阶层的协调发展。

可持续发展思想的公平发展主要是指世界经济在时间和空间上的公平发展,即当代人的发展不能损害后代人的发展,本国或地区的发展不能损害他国或地区的发展。

可持续发展思想的高效发展主要是指经济、社会、资源、环境、人口等协调下的高效率发展。

可持续发展思想的多维发展主要是指各国与各地区以可持续发展为指导,从本国或地区的具体情况出发,选择与本国或地区实际情况相符的多模式、多样性的可持续发展道路。

二、可持续发展的内涵

可持续发展的内涵十分丰富,这些观念是对传统发展模式的挑战,是为谋求新的发展模式而建立的新的发展观,也是研究旅游可持续发展和推进旅游业可持续发展的思想与理论基础。

(一)可持续发展的目的是推动和指导发展的实现

作为一种发展概念,可持续发展的最终目的在于推动和指导发展的实现。发展是人类共同享有的权利,不论是发达国家还是发展中国家,都享有平等的、不容剥夺的发展权利,特别是对于发展中国家来说,发展权尤为重要。贫穷和生态恶化把发展中国家拖入了艰难的境地,只有通过发展经济才能为解决贫富分化的社会问题和生态恶化的环境问题提供必要的资金和技术。在这个意义上,实现发展是最终目的,经济增长则是实现发展的必要前提。但是,可持续发展观要求人类重新审视和正视如何实现经济增长的问题。要实现不违背可持续发展的经济增长,人类必须审视使用资源的方式,力求减少损失,杜绝浪费,并尽量不让废物进入自然环境,从而减少每单位经济活动造成的环境压力,最终完成由传统经济增长模式向可持续发展模式的转变。

(二)可持续发展以自然资源为基础,同环境承载能力相协调

可持续发展观要求人们必须坚决放弃和改变传统的发展模式,即要减少和消除不能使发展持续下去的生产和消费方式。1992年联合国环境与发展大会《21世纪议程》提出:"地球所面临的最主要的问题之一,就是提高生产效率,改变消费,以最高限度地利用资源和最低限度地生产废物。"①因此,人类在告别传统的发展模式,实行可持续发展的时候,必须纠正过去那种单纯依靠增加投入、加大消耗实现发展和以牺牲环境增加产出的错误,使人类自身发展与资源环境的发展相适应。

(三)可持续发展以提高生活质量为目标,同社会进步相适应

经济发展的概念远比经济增长的含义广泛、意义深远。如前所述,经济增长一般被定义为人均国民生产总值的提高。但是,单纯致力于人均实际收入的提高,未必能使经济结构发生变化,未必能使一系列社会发展目标得以实现。因此,这种增长就不能被认为是发展,充其量只是属于那种所谓没有发展的增长。更重要的是,可持续发展强调承认自然环境的价值。这种价值不仅体现在环境对经济系统的支撑和服务价值上,也体现在环境对生命支持系统不可缺少的存在价值上。因此,人类应把生产中环境资源的投入和服务,计入生产成本和产品价格之中。也就是说,产品价格应当完整地反映三部分成本。

(1)资源开采或获取的成本。

(2)与开采、获取、使用有关的环境成本(环境净化成本和环境损害成本)。

---

① 何志毅,于泳.绿色营销发展现状及国内绿色营销的发展途径[J].商业文化,2015(2).

（3）由于当代人使用了某项资源而不再可能为后代人所利用的效益损失，即用户成本。

（四）可持续发展要求人们改变对待自然界的态度

人类对自然界的态度已经历了屈服于自然到征服自然的转变。伴随着这种转变，人类开始对大自然恣意索取，对自然资源任意挥霍，以为自己是大自然的主人。然而，人类最终因此而受到了报复，因自己不负责任的作为而付出了惨重的代价。在这个意义上，人类并没有征服自然。同样是在这个意义上，自然将永远不可能为人们所征服。可持续发展要求人类端正对自然界的态度，将人类自己作为自然界大家庭中的一个普通成员看待，使人类与自然和谐相处。对此，人类需要发展新思想、新方法，建立新道德和价值标准，同时也需要建立新的行为方式。

第三节　绿色建筑与可持续发展

一、"可持续发展"框架下的建筑理念

随着生态环境问题的全球化以及对可持续发展的认识与要求不断加深，各国建筑领域也越来越认识到：建筑的主要目的之一就是为居住或使用者的活动提供一个健康、舒适的环境，这也是建筑的本质功能，如何达到？近年来，"可持续发展"框架下的建筑理念应运而生。尽管所用词汇不同，侧重点也不一样，但有一点是一致的，就是社会、经济、生态可持续下的建筑。

（一）可持续建筑理念

可持续建筑的理念就是追求降低环境负荷，与环境相融合，且有利于居住者健康。其目的在于减少能耗、节约用水、减少污染、保护环境、保护生态、保护健康、提高生产力、有利于子孙后

代。实现可持续建筑,必须反映出不同区域的状态和重点,以及需要根据不同区域的特点建立不同的模型去执行。世界经济合作与发展组织对可持续建筑给出了四个原则:一是资源的应用效率原则;二是能源的使用效率原则;三是污染的防治原则(室内空气质量,二氧化碳的排放量);四是环境的和谐原则。

2010年5月,德国巴伐利亚州建筑师协会主席黑塞先生提出"可持续建筑节能是一项全球化挑战"的新观点:现在,建筑能耗逐渐提高,建筑材料逐渐增多,而可持续的建筑却少之又少,使人类对化石能源的依赖越来越大,这不利于满足能源长久使用的需要,所以建立可持续的建筑十分必要。他还指出,可持续的建筑不是把每一个建筑单一地看待,而是在尽可能多地减少能耗、增大空间的同时使之与全社会、大自然相和谐,这就使得一个或几个国家很难做到这种全球化的和谐。另外,无论在欧洲、美洲还是中国,可持续建筑节能都具有重要意义,独立、划分区域都不是其应有之义,只有把可持续的节能建筑纳入全球化之中,接受全球化的挑战才符合可持续建筑的真正含义。

(二)环境友好建筑

环境友好建筑是指在建筑标准制定方面走环境友好的道路。环境友好建筑就是以人与自然和谐相处为目标,以环境承载力为基础,以遵循自然规律为准则,以绿色科技为动力,在建筑行业倡导环境文化和生态文明,构建建筑经济、社会、环境协调发展体系,实现建筑的可持续发展。循环建筑经济是建设环境友好型社会的重要途径。

环境友好概念是1992年联合国里约环发大会通过的《21世纪议程》中提出来的。其中有200多处提及包含环境友好含义的"无害环境"的概念,并正式提出了"环境友好"的理念。随后,环境友好技术、环境友好产品得到大力提倡和开发。20世纪90年代中后期,国际社会又提出实行环境友好土地利用、环境友好流域管理,建设环境友好城市,发展环境友好农业、环境友好建筑业等。2002 年召开的世界可持续发展首脑会议所通过的"约翰内斯堡实施计划"多次提及环境友好材料、产品与服务等概念。

2003 年 5 月,国家环保总局决定,通过考核环境指标、管理指标和产品指标共 22 项子指标,对审定的企业授予"国家环境友好企业"的称号。通过创建"国家环境友好企业",树立一批经济效益突出、资源合理利用、环境清洁优美、环境与经济协调发展的企业典范,促进企业开展清洁生产,深化工业污染防治,走新型工业化道路。环境友好企业在清洁生产、污染治理、节能降耗、资源综合利用等方面都处于国内领先水平,调动了企业实施清洁生产、发展循环经济、保护环境行为的积极性。

(三)节能建筑

节能建筑也称低能耗建筑,是指遵循气候设计和节能的基本方法,对建筑规划分区、群体和单体、建筑朝向、间距、太阳辐射、风向以及外部空间环境进行研究后,设计并建设成的低能耗建筑,或指设计和建造采用节能型结构、材料、器具和产品的建筑物。在此类建筑物中部分或全部利用可再生能源。节能建筑的特征包括以下几个方面:一是少消耗资源,即在设计、建造、使用中要尽量减少资源消耗;二是高性能品质,即结构用材要有足够强度、耐久性、围护结构以及保温、防水等性能;三是减少环境污染,即采用低污染材料,利用清洁能源;四是长生命周期;五是多回收利用。

中国建筑节能古来有之,但现代意义上的建筑节能起步于 20 世纪 80 年代。改革开放以后,建筑业在墙体改革及新型墙体材料方面有了发展。同时,一些高能耗建筑如高档旅馆、公寓、商场也随之出现,而如何与能源供应紧缺的现状相协调,也成为相关部门关注的重点。目前,我国已初步建立了以节能 50％为目标的建筑节能设计标准体系,部分地区执行 65％节能标准。2008 年《民用建筑能效测评标识管理暂行办法》《民用建筑节能条例》等施行。《民用建筑节能条例》的颁布,标志着我国民用建筑节能标准体系已基本形成,基本实现对民用建筑领域的全面覆盖。

(四)生态建筑

所谓生态建筑,是根据当地的自然生态环境,运用生态学、建筑技术科学的基本原理和现代科学技术手段等,合理安排并组织建筑与其他相关因素之间的关系,使建筑和环境之间成为一个有机的结合体,同时具有良好的室内气候条件和较强的生物气候调节能力,以满足人们对居住生活的环境舒适要求,使人、建筑与自然生态环境之间形成一个良性循环系统。

生态建筑基于生态学原理规划、建设和管理群体与单体建筑及其周边的环境体系。其设计、建造、使用、维护与管理必须以强化内外生态服务功能为宗旨,达到经济、自然和人文三大生态目标,实现生态健康的净化、绿化、美化、活化、文化需求。也就是将建筑看成一个生态系统,本质就是能将数量巨大的人口整合居住在一个超级建筑中,通过组织(设计)建筑内外空间中的各种物态因素,使物质、能源在建筑生态系统内部有秩序地循环转换,获得一种高效、低能、无废、无污、生态平衡建筑环境。

(五)绿色建筑

在1992年举行的联合国环境与发展大会上,与会者第一次比较明确地提出了"绿色建筑"的概念。绿色建筑是一个宏观的概念,它兼顾了土地资源节约、室内环境优化、居住人的健康、节能节水节材等方面的目标,因此,从某种意义上讲,绿色建筑是实施可持续建筑理念的途径之一,包括了上述环境友好建筑、节能建筑、生态建筑等概念。"绿色建筑"中的绿色代表一种概念、象征,是指建筑对环境无害,能充分利用环境自然资源,并且在不破坏环境基本生态平衡条件下建造的一种建筑。绿色建筑设计理念是节约资源,回归自然。

二、绿色建筑与可持续发展

可持续发展的战略为我国现代化建设中必须实施的战略。主要包括社会的可持续发展、生态的可持续发展和经济的可持续发展等。

可持续发展是人类社会发展的共同理想,也是我们共同的责任,我们都应该为维护我们自己的社会环境去奋斗,去贡献自己的力量。绿色建筑也是为了实现可持续的发展战略所采取的重大的措施,是顺应国际的发展趋势的。

建筑行业的根本任务就是要改造环境,为我们建设物质文明和精神文明相结合的生态环境。而传统的建筑行业在改善人们的居住环境的同时,也像其他的行业一样去过度消耗自然能源,产生的建筑垃圾与灰尘,严重污染了环境。人类的不断增长,土地的减少,更使得我们应该为了改变大气环境,改善人们的生活条件,去建设新的环境,从而使得绿色建筑也在不断地增长,不断地提倡。

绿色建筑与绿色文化、可持续发展的理论是一种相辅相成的关系,绿色文化、可持续发展的理论推动了绿色建筑体系的创造;而绿色建筑又丰富了绿色文化的内容,为人类实现可持续发展做出了极大的贡献。

三、绿色建筑及生态环境、经济的可持续发展

(一)绿色建筑和生态环境

绿色代表生命,是生态系统的本色。建筑是人类为了居住生活和生产的某种需要而构造的围护结构。用绿色来修饰建筑,是为了把绿色概念赋建筑之上,使建筑富有活力和生机,将建筑和可持续性的发展联系在一起。

绿色建筑应该以节约土地为目的。土地不仅是人类的家园,还是人类食物的主要工业源地。人口的不断增长,必然导致土地

的减少,而节约土地则成为绿色建筑的重要目标。城市化水平的不断提高,节约土地的形势也变得越来越严峻。

绿色建筑不应该发生大气的污染,应该给人们提供优良的生活环境。有空气才可以维持生命。近年来,我国的空气污染愈发严重,尤其以煤烟污染最为严重,主要污染物是二氧化硫和酸雨。尤其现在雾霾天气的逐渐加剧,更应该使得我们重视环境。

绿色建筑也应该将废水的排放减量化、无害化、资源化,因为水是生命之源,万物之本。

绿色建筑还应把固体废弃物减量化、无害化,并将其尽可能地资源化与再利用。其废弃物主要是砖、瓦、混凝土和玻璃。

绿色建筑应把节能资源,扩大使用非燃烧体能源和可再生能源作为追求的目标,包括其建设过程和使用过程中的节约能源。

绿色建筑的任务是阐明建筑物—人居环境—人及人类社会的可持续发展机理及措施。而生态学原则是绿色建筑的理论基石。

(二)绿色建筑的经济效应

任何东西的发展都离不开经济,经济是根本。现今,我国的经济建设蓬勃发展,也面临着生态环境日益恶化的严重问题。自然生态环境的污染和恶化,从经济学角度来看是经济发展和环境保护之间的矛盾产物。对发展中国家经济的发展和环境保护的矛盾也是更加尖锐的。环境库兹涅茨曲线(图1-5)则很好地呈现了它们之间的关系。

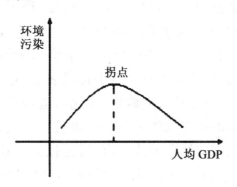

图 1-5　环境库兹涅茨曲线

绿色建筑的经济效益主要体现在节地、节水和节约能源上。在节地方面,利用集约的土地来做的绿色建筑是理想化的效果,能充分利用工业废料,以保护和利用土地资源,达到节约土地和争取更多的绿化面积的目的,使得许多高层建筑拔地而起;在节水方面,使用节水器具来降低近几年来水的使用量是一个非常普遍的做法;在节能方面,根据当地的自然条件,充分考虑自然通风和天然采光,以减少空调和照明的使用等。只要将绿色建筑中的这几个"节"做好,必然使建筑的经济效益得到很大的提升。

第四节　绿色建筑的目标及其实践原则

绿色建筑作为现代社会的一个重要行业发展态势,具有明确的目标和实践原则。

一、绿色建筑的目标

总体来看,绿色建筑的目标就是通过人类的建设行为,达到人与自然安全、健康、和谐共生,满足人类追求适宜生存居所的需求、愿望。

具体来看,这一目标可以细分为以下几项:其一是要解决人类拥有发展所必备的自然资源、环境可持续、稳定、均衡地为发展提供保障的问题;其二是控制和约束人类行为消耗自然资源的规模、水平与效率;其三是保持社会生态系统功能的完整性和丰富度,使历史文化的传承具有在建筑中得以表达,达到借鉴、继承与发展统合,实现人类生存观的修正、优化与进步;其四是依赖人类社会行为和生活的核心载体之一——建筑与景观,以科学的发展观实现人类社会可持续发展的诉求,通过提高科技水平和高新技术的应用、推广,降低资源消耗,达到和谐、宜居的生态人居环境建设水平,发现新资源、再生资源、循环资源以及可替代资源,缓解并最终解决制约和威胁人类社会发展进步的自然资源与环境的瓶颈问题。

二、绿色建筑的实践原则

绿色建筑应遵循以下实践原则。

（1）适地原则：以人居系统符合生态系统安全、健康而客观存在为依据，建设适宜空间、高效利用土地，符合人文特性、经济属性及建设选址的科学规划、设计行为，是绿色建筑建造、使用所必须遵守的条件和根本性原则。

（2）高效原则：建筑作为人类的居所，其建造、使用、维护与拆除应本着符合人与自然生态安全与和谐共生的前提，满足宜居、健康的要求，系统地采用集成技术提高建筑效能，优化管理调控体系，形成绿色建筑的高效原则。

（3）节约原则：资源占有与能源消耗在符合建筑全寿命周期使用总量与服务功能均衡的前提下，实现最小化与减量化的节约原则。

（4）和谐原则：建筑作为人类行为的一种影响存在结果，由于其空间选择、建造过程和使用拆除的全寿命过程存在着消耗、扰动以及影响的实际作用，其体系和谐、系统和谐、关系和谐便成为绿色建筑特别强调的重要的和谐原则。

（5）人文原则：建筑是人类抵御大自然对人类伤害与威胁的庇护所，保障人类生产、生活的生存安全、健康、舒适，从远古人类栖息的"巢""穴"到"器"含义的建筑，人类始终把集人类智慧、文明的建筑与文化、美学、哲学紧密相连。凝固的文明结晶、社会人文雕塑都是对建筑的人文价值的高度概括，建筑既有历史性，也有传承性，更有人文特性。无论在哪个国家、城乡、地区，没有文化内涵的建筑都会使人居系统缺少特点、特色与特质，不但丧失了地域化优势，更失去了国际化能力。这也是失去了人居生态系统中除自然生态、经济生态以外的另一个重要生态要素——社会生态，人文原则就是一项不可或缺的生态原则。

(6)经济原则：绿色建筑的建造、使用、维护是一个复杂的技术系统问题，更是一个社会组织体系问题。高投入、高技术的极致绿色建筑虽然可以反映出人类科学技术发展的高端水平，但是并非只有高技术才能够实现绿色建筑的功能、效率与品质，适宜技术与地方化材料及地域特点的建造经验同样是绿色建筑的重要发展途径。唯技术论和唯高投资论都不是绿色建筑的追求方向，适宜投资、适宜成本和适宜消费才是绿色建筑的经济原则。

(7)舒适原则：舒适要求与资源占有及能源消耗，在建筑建造、使用与维护管理中一直是一个矛盾体。在绿色建筑中强调舒适原则不是以牺牲建筑的舒适度为前提，而是以满足人类居所舒适要求为设定条件，通过人类长期依托建筑而生存的经验和科学技术的不断探索发展，总结形成绿色建筑绿色化、生态化及符合可持续发展要求的建筑综合系统集成技术，以满足绿色建筑的舒适原则。

第二章　绿色建筑节能设计概论

　　节能是绿色建筑一个非常重要的特点,绿色建筑节能不仅可以有效地改善人们的生活环境质量,而且其创造的经济效益和社会效益是巨大的。而要进行绿色建筑的节能设计,首先要了解绿色建筑节能设计的一些基础知识。

第一节　绿色建筑节能基础知识

一、绿色建筑节能概述

　　在绿色建筑的发展过程中,对"建筑节能"曾有过不同的理解,自从 1973 年发生世界性能源危机以后的 30 年里,在发达国家,它的说法经历了三个发展阶段:第一阶段,称为在建筑中节约能源;第二阶段,称为在建筑中保持能源,强调在建筑中减少能源的损失;第三阶段,称为在建筑中提高能源利用率,即不是消极意义上的节省,而是积极意义上的提高能源利用率。由于 20 世纪 70 年代石油危机的影响,能源短缺日益严重,替代能源的发展比较缓慢,使得能源价格节节攀升,所以世界上各个国家都日益重视节约能源。建筑节能作为节能的一个重要方面理所当然地受到重视。

　　在我国,现在通称的建筑节能,其含义为第三阶段的内涵,也就是说建筑节能就是要在保证和提高建筑舒适性的前提下,合理地使用和有效利用能源,不断提高能源利用效率。建筑节能的内涵是指建筑物在建造和使用过程中,人们依照有关法律法规的规定,采用节能型的建筑规划、设计,使用节能型的材料、器具、产品和技术,以提高建筑物的保温隔热性能,减少供暖、制冷、照明等能耗,在满足人们对建筑物舒适性需求的前提下,达到在建筑物使用过程中,能源利用率得以提高的目的。

二、绿色建筑的基本要素

根据绿色建筑的本质内涵和当前社会的实际发展情况,绿色建筑的基本要素被概括为以下八个。

(一)耐久适用

耐久适用性是对绿色建筑最基本的要求之一。因为任何绿色建筑都是消耗较大的资源修建而成的,不耐久、不适用,那么建筑将是失败的。所谓耐久性,就是指在正常运行维护和不需要进行大修的条件下,绿色建筑物的使用寿命满足一定的设计使用年限要求,如不发生严重的风化、老化、衰减、失真、腐蚀和锈蚀等。所谓适用性,就是指在正常使用条件下,绿色建筑物的使用功能和工作性能满足建造时的设计年限的使用要求,如不发生影响正常使用的过大变形、过大裂缝、过大振幅、过大失真、过大腐蚀等;同时,也适合于一定条件下的改造使用要求,如根据市场需要,将自用型办公楼改造为出租型写字楼,将餐厅改造为酒吧或咖啡吧等。2008 年北京奥运会临时场馆国家会议中心击剑馆(图 2-1)就体现了绿色建筑耐久适用的设计理念和元素。奥运会期间,它用作国际广播电视中心(IBC)、主新闻中心(MPC)、击剑馆和注册媒体接待酒店。奥运会后,它被改造为满足会议中心运营要求的国家会议中心。

图 2-1　国家会议中心击剑馆

（二）节约环保

节约环保是人、建筑与环境生态共存和两型社会建设的基本要求，也是绿色建筑的基本特征之一。节约主要是用地、用能、用水、用材等的节约，环保自然是指保护环境。节约环保显然是一个全方位全过程的概念。2008 年北京奥运会的许多场馆就融入绿色建筑节约环保的设计理念和元素。例如，国家体育馆的地基处理和太阳能电池板系统等。

绿色建筑的节约环保除了体现在物质资源方面的有形节约外，还体现在时空资源等方面的无形节约。例如，绿色建筑要求建筑物的场地交通要做到组织合理，选址和建筑物出入口的设置方便人们充分利用公共交通网络，到达公共交通站点的步行距离不超过 500 m 等。这不仅是一个人性化的设计问题，也是一个时空资源节约的设计问题。例如，英国伦敦市政大楼（图 2-2）就属于绿色建筑，其较好地运用了许多新型适用的技术，使其节能率达到 70％以上，节水率约为 40％，并且有良好的室内空气环境条件。

图 2-2　英国伦敦市政大楼

(三)健康舒适

健康舒适是绿色建筑的另一基本特征。随着人类社会的进步和人们对生活品质的不断追求,人们越来越重视绿色建筑的健康舒适性。这一特征的核心是体现"以人为本"。这就要求绿色建筑要在有限的空间里提供有健康舒适保障的活动环境,全面提高人居生活工作环境品质,满足人们生理、心理、健康和卫生等方面的多种需求。要达到这一点,与建筑相关的空气、风、水、声、光、温度、湿度、地域、生态、定位、间距、形状、结构、围护和朝向等要素均要符合一定的健康舒适性要求。例如,日本福冈市阿库劳大厦(图 2-3),它是一座造型奇特的高层建筑,远远看上去形似金字塔,14 层的高层大厦南侧外墙设计成了阶梯状收进。一层层平台上填入无机质人工轻质土壤,种了近百种,约 3.5 万株植物,构成了一座空中阶梯花园。从图 2-4 中可以看出,盛夏白天,阿库劳斯大厦绿化部分的表面温度与水泥外露部分相比最多可降低 20℃。且由于植物和土壤具有隔热效果,热量几乎传不到屋顶下面的房间,从而创造了舒适健康的建筑环境。

图 2-3 日本福冈市阿库劳大厦

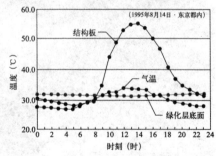

图 2-4 阿库劳斯大厦温度调控示意图

(四)安全可靠

安全可靠是人们对作为其栖息活动场所的建筑物的最基本要求之一。可以说,人类建造建筑物的目的就在于寻求生存与发展的"庇护"。这从一定程度上充分反映了人们对建筑物建造者的人性与爱心和责任感与使命感的内心诉求。

　　所谓安全可靠,就是指绿色建筑在正常设计、正常施工和正常运用与维护条件下能够经受各种可能出现的作用和环境条件,并对有可能发生的偶然作用和环境异变保持必需的整体稳定性和工作性能,不致发生连续性的倒塌和整体失效。这就是说安全可靠应当贯穿于建筑生命的全过程,不仅在设计中要考虑到建筑物安全可靠的方方面面,还要将其有关注意事项向与其相关的所有人员予以事先说明和告知,使建筑在其生命预期内能够对人们的生命安全负责。例如,2008 年北京奥运会国家游泳中心水立方(图 2-5)就融有建筑安全可靠的设计理念,该建筑外围用了形似水泡且能防火 ETFE 膜,另外水立方的墙壁和天花板由 1.2 万个承重节点连接起来的网状钢管组成,这些节点均匀地分担着建筑物的重量,使其坚固得足以经受住北京最强的地震。

图 2-5　国家游泳中心水立方

　　绿色建筑的安全可靠性不仅是对建筑结构本体的要求,也是对建筑设施设备及其环境等的安全可靠性要求,如消防、安防、人防、私密性、水电和卫生等方面的安全可靠。

(五)自然和谐

　　绿色建筑的自然和谐这一要素充分反映了中国传统的"天人合一"的唯物辩证法思想和美学特征在建筑领域里的反映。"天人合一"是中国古代的一种政治哲学思想。其最早起源于春秋战国时期,经过董仲舒等学者的阐述,由宋明理学总结并明确提出。"天人合一"构成了世间万物和人类社会中最根本、最核心、最本质的矛盾的对立统一体。天代表着自然物质环境,人代表着认识与改造自然物质环境的思想和行为主体,合是矛盾的联系、运动、变化和发展,一是矛盾相互依存的根本属性。人与自然的关系是一种辩证和谐的对立统一的关系。如果没有人,就没法谈矛盾运动;如果没有天,一切矛盾运动也就失去了产生、存在和发展的载体。所以说,将天与人联系在一起,才能对宇宙的原貌和变迁有更为透彻的表现。

人和自然在本质上是相通和对应的。人类为了实现自身的可持续发展,就必须使其各种活动,包括建筑活动,及其结果和产物与自然和谐共生。绿色建筑就是要求人类的建筑活动要顺应自然规律,做到人及建筑与自然和谐共生。

从美学的角度来看,建筑也只有与自然和谐共生时,才能真正体现它的美。2010年上海世博会的中国馆(图2-6)就是绿色建筑自然和谐的设计理念和元素完美应用的典范。它既体现出了"城市发展中的中华智慧"这一主题,又反映了我国自然和谐与"天人合一"的和谐世界观,蕴含了独特的中国元素,成为独一无二的标志性建筑群体。

图 2-6 上海世博会的中国馆

（六）低耗高效

低耗高效也是一个全方位、全过程的概念。它从两个不同方面来满足资源节约型社会和环境友好型社会建设的基本要求。资源节约型社会就是指全社会都采取有利于资源节约的生产、生活、消费方式,强调节能、节水、节地、节材等,在生产、流通、消费领域采取综合性措施提高资源利用效率,以最小的资源消耗获得最大的经济效益和社会效益。环境友好型社会就是指全社会都采取有利于环境保护的生产方式、生活方式和消费方式,侧重强调防治环境污染和生态破坏,倡导环境文化和生态文明,构建经济、社会、环境协调发展的社会体系。

绿色建筑的低耗高效,实质上就是要求建筑物在设计理念、技术采用和运行管理等环节上要充分体现和反映低耗高效,要因地制宜和实事求是地使建筑物在采暖、空调、通风、采光、照明、用水等方面在降低需求的同时高效地利用所需资源。例如,德州太阳谷微排大厦(图 2-7),它在全球首创性地实现了太阳能热水供应、采暖、制冷、光伏并网发电等技术与建筑的完美结合,建筑整体节能效率达 88%,每年可节约标准煤 2 640 吨、节电 660 万度,减少污染物排放量 8 672.4 吨。

图 2-7 德州太阳谷微排大厦

（七）绿色文明

绿色文明是一种新型的社会文明，是人类可持续发展必然选择的文明形态。这种文明能够持续满足人们的幸福感。

绿色文明主要包括绿色经济、绿色文化、绿色政治三个方面的内容。绿色经济是绿色文明的基础，绿色文化是绿色文明的制高点，绿色政治是绿色文明的保障。绿色经济核心是发展绿色生产力，创造绿色 GDP，重点是节能减排，环境保护、资源的可持续利用。绿色文化核心是让全民养成绿色的生活方式与工作方式，绿色文明需要绿色公民来创造，只有绝大部分地球人都成为绿色公民，绿色文明才可能成为不朽的文明。绿色政治就是能够为人民谋幸福和社会持续稳定的政治，可以避免暴力冲突的政治。例如，2008 年北京奥运会奥林匹克公园的网球场（图 2-8），就体现了绿色文明的要素，设计时保留了"清水混凝土"的本色，不加任何装饰，很好地与森林公园的绿色映衬起来，效果非常好。

图 2-8　北京奥林匹克公园网球场

从上述来看，绿色文明其实就是生态文明。生态文明就是人类遵循人、社会与自然和谐这一客观规律而取得的物质与精神成果的总和，是指以人与自然、人与人、人与社会和谐共生、良性循环、全面发展、持续繁荣为基本宗旨的文化伦理形态。对于绿色建筑来说,绿色文明无疑是它的一个基本特征。这一基本特征要求绿色建筑在建造与使用过程中,要注重自然生态环境平衡、人类生态环境平衡、人类与自然生态环境综合平衡、可持续的财富积累和可持续的幸福生活,切忌破坏自然生态环境和人类生态环境为代价的物欲横流。

(八)科技先导

当今时代,人类社会步入了一个科技创新不断涌现的时期。持续不断的新科技革命及其带来的科学技术的重大发现发明和广泛应用,推动了世界范围内生产力、生产方式、生活方式和经济社会发展观,发生了前所未有的深刻变革。建筑的可持续发展自然受到了科技的影响和制约。

绿色建筑是建筑节能、建筑环保、建筑智能化和绿色建材等一系列实用高新技术因地制宜、实事求是和经济合理的综合整体化集成,绝不是所谓的高新科技的简单堆砌和概念炒作。科技先导强调的是要将人类的科技实用成果恰到好处地应用于绿色建筑,也就是追求各种科学技术成果在最大限度地发挥自身优势的同时使绿色建筑系统作为一个综合有机整体的运行效率和效果最优化。我们对建筑进行绿色化程度的评价,不仅要看它运用了多少科技成果,而且要看它对科技成果的综合应用程度和整体效果。例如,中国节能杭州绿色建筑科技馆(图 2-9),将可持续发展理念贯彻在设计、施工、运营的全过程,使科技馆的每平方米能耗只有普通建筑的 1/4,节能率达到了 76.4%。科技馆采用了建筑物自遮阳系统、被动式通风系统、环保外围护系统、智能化外遮阳、通风百叶系统、索乐图日光照明系统、温湿度独立控制空调系统、可再生能源(太阳能、风能、氢能)发电系统、能源再生电梯系统、雨水收集、中水回用系统、智能控制、分项计量系统等最先进的建筑节能系统,有效减少建筑能耗,减少对自然环境的负面影响,营造出了恒温、恒湿、恒氧、健康、舒适的环境,促进人与建筑、自然的和谐发展。

图 2-9　中国节能杭州绿色建筑科技馆

三、发展绿色建筑的重要意义

(一)开展绿色建筑是推进建筑领域可持续发展的明智选择

在城镇化快速发展的现阶段,建筑面积迅速攀升,建筑能耗需求快速增长,建筑引发的环境影响越发明显,建筑发展带来的资源、环境压力进一步加大。建筑在全寿命周期的各个环节都消耗着各种资源、能源,排放着污染物。要破解建筑带来的资源环境约束,实现建筑领域的可持续发展,必须要从全寿命周期范畴内,减少建筑的土地消耗、能源消耗、水资源消耗、材料消耗,减少建筑对环境排放的污染物。这一切恰恰都是绿色建筑理念所倡导的,因此开展绿色建筑是在建筑领域贯彻落实科学发展观、深入建设资源节约型、环境友好型社会、营造人与自然和谐共生环境的明智选择。

(二)开展绿色建筑是加快转变城乡建设模式的重要抓手

我国当前建设模式粗放,对房屋需求缺乏合理规划,造成了严重浪费。一方面受前些年房地产市场火热的影响,开发商投资建设了过量楼盘,导致不少商品房至今闲置;另一方面在高房价压力下,政府不得不为买不起房的低收入群体大量建设保障性住房。各地以拉动经济、改善民生、提升城市品质等为由,大搞建设,一些远不到使用寿命的建筑被提早拆除,一批"新、奇、特"的高能耗"地标"建筑被建成。我国当前建筑整体能源利用效率较低,建材消耗量较高,建筑废弃物回收再利用率过低,舒适性有待提高,特别是农村、城市棚户区等低收入群体的居住环境亟待改善。我国当前城乡建设注重规模数量多于注重建筑安全、舒适性能和能源资源利用效率,注重新建和改造多于注重不合理的拆除,注重设计节能多于注重实际运行节能。我国目前的城乡建设模式严重影响了建筑领域的可持续发展,亟须加以扭转。开展绿色建筑,用绿色理念指导城乡建设,可以有效引导各方主体转变发展思路,解决上述问题,是转变城乡建设模式的有效抓手。

(三)开展绿色建筑是实现应对气候变化目标和节能减排目标的重要举措

根据国际能源署(IEA)的研究,全球建筑领域消耗了约 1/3 的全球终端能源消费,产生了约 1/3 的全球与能源相关的二氧化碳排放;若要实现全球温升不超过 2℃ 的目标,到 2050 年建筑领域的二氧化碳排放就要比目前减少 60%,可见建筑领域减排对全球应对气候变化的重要影响。我国政府已对国际社会庄严承诺:到 2020 年实现单位 GDP 二氧化碳排放量下降 40%～45%。实现这一目标的重要途径之一是降低单位 GDP 能耗。尽管困难很大,但经过各地方、各行业的艰苦努力,我国"十一五"期间单位 GDP 能耗下降了 19.1%;"十二五"时期,我国又提出单位 GDP 能耗下降 16%、单位 GDP 二氧化碳排放下降 17% 的约束性指标。"十一五""十二五"期间,一些投资少、见效快的节能措施已大量实施,进入"十三五"时期,节能减排和控制二氧化碳强度的边际成本将逐渐加大,节能的难度变得更大,但能耗增长的动力依然强劲,特别是建筑、交通领域的能耗增长迅速,建筑领域能源消耗和二氧化碳排放在全社会所占比例将进一步提高。因此,必须更加重视建筑节能工作,抓紧开展绿色建筑行动,通过强化新建建筑执行节能标准、大力发展绿色建筑、加快既有建筑节能改造等措施,努力提高建筑领域能源资源利用效率,才能保障"十三五"节能减排目标和 2020 年碳排放强度下降目标顺利实现。

(四)开展绿色建筑是改善民生的有效途径

绿色建筑可以改善人居环境,为人们提供健康、适用和高效的使用空间。室内环境包括室内空气品质与室内物理环境。室内空气品质不良会引发病态建筑综合征。美国已将室内空气污染归为危害人类健康的五大环境因素之一,而我国在室内空气品质的研究、监测和控制方面的力度相对较弱。室内物理环境包括热环境、声环境、光环境等。我国城镇居住建筑中有集中采暖的地区在冬季基本能达到国际公认的室内热舒适标准,而我国夏热冬冷地区数亿人在冬季生活在热环境品质较差的住宅里。室内声环境、光环境也是改善人居环境的重要方面,对人的生理和心理健康都非常重要。因此,大力发展具有良好室内环境的绿色建筑,作为建设小康社会、体现"以人为本"的民生工程应予以重视。

四、绿色建筑节能设计的策略

建筑节能设计是将能源的可持续利用理念融入建筑设计中,使节能成为建筑设计的必要元素。首先根据建筑基地所处地域的能源分布特点和气候特征,分析建筑设计的各要素并考虑要素之间的关系;其次根据建筑中能量传递的自然规律,在建筑的平面设计、空间形体、围护结构、设备选用等各个设计环节中,采用适宜的建筑节能技术措施体系并优化之;最后系统地进行设计并建造综合能耗最低的建筑,实现建筑节能。运用节能与建筑的整合设计策略进行建筑设计,其过程涉及节能技术与建筑设计两方面的多个要素,针对当代建筑设计过程,可以从以下四个方面运用相应的节能设计策略。

（一）能量梯级利用

能量梯级利用策略——适应能源梯级利用的建筑体形设计，即把建筑对能量的需求形式与建筑空间形体的设计进行有机整合。

建筑的用能系统可以看成一个整体，是各种不同能源的转换和输送，并以不同形式（电能、热能、机械能等）服务于其终端用户的庞大复杂系统。若把可再生能源当作一次能源"整合"到整个建筑能源系统中，必须对整个能源系统作相应的调整，使之各得其所，发挥各自的长处。这就需要进行整合设计的深入研究，如太阳能光伏发电产生的高品位电能主要用于照明等，而辐射热能可直接用于采暖和加热水等；否则，纯粹为了应用可再生能源而在建筑中投入很大的人力、物力、财力，其收益未必理想。所以按照建筑整体对能源的需要，一定要把"合适的能源放在需要的地方"。因地制宜、因不同需求制宜才是能源梯级利用策略的总原则。

在分析建筑对能量需求形式的基础上进行建筑空间形体设计可以提高建筑的能源利用效率。研究发现，建筑物空间形体与建筑对能量的需求方式之间存在一定的关联性。而在不同地区、不同环境条件下建筑物对风能、太阳能等自然能源的需求不同，吸收或释放能量都会成为建筑空间形体设计的动因。因此建筑可以根据建筑物对能量的需求进行空间形体设计。

（二）能源合理布局

能源合理布局策略——适应可再生能源分布的建筑布局，即把基地内可再生能源的空间分布与建筑整体平面布局设计进行有机整合。基地可再生能源主要包括太阳能、风能、水能、生物质能、地热能和海洋能等。

地球上各地区可再生能源的分布状况及可利用的程度通常随地理位置的变化而有所不同。基地可再生能源的空间分布与建筑整体平面布局的相互协调,有利于充分利用基地的可再生能源;而建筑整体平面布局与可再生能源(太阳能、风能、地热能等)的空间分布状况之间的正效关联是整合设计的出发点。例如处于绿树环抱、水体围绕或者其他建筑物包围的建筑,其周围可再生能源的分布是不同的,这将直接影响基地微环境中的空气温湿度、气流组织、太阳能辐射强度等因素。因此建筑设计可以依据基地中各种可再生能源分布状况的叠图,通过总平面设计或调整,根据建筑功能需求,分别利用不同种类的可再生能源。

例如,在总平面绿化设计中布置树木,既可以获得阴凉和景观美化的效果,又可因地制宜地或阻碍或引导气流组织形式,同时不影响建筑物的室内外形象;总平面中的自然水体或雨水滞留池,既可以作为景观渗透到建筑内部,成为建筑整体空间环境的组成部分,又可以作为空调系统的冷、热源;总平面中建筑物的朝向、组织以及窗户的位置等,既要使建筑对基地进行呼应,满足人视角的展示和私密性的保护,同时也要考虑基地采光和通风的需求;总平面中一些建筑小品或设施的合理摆放,既能丰富建筑物的外部空间,又可以引导和改善建筑周围微环境的气流组织形式。

(三)节能技术协作

节能技术协作策略——适应节能技术协作的建筑立面设计,即考虑建筑节能技术与建筑外立面设计的有机整合以降低整体建筑能耗。

建筑节能技术与建筑外立面设计相互融合,不仅可以提高能源利用率,还能够创造生动的建筑表现力。提高建筑能源利用率往往离不开多项建筑节能技术和措施的共同协作,比如太阳辐射的控制与改善、自然通风与采光的利用等技术的整合利用,均可用来改善室内空气温度、相对湿度、空气流动速度以及建筑物内表面温度等。这些节能技术和措施同时也可以是建筑外立面设计的有利因素,从而实现彼此的整合。

因地制宜是建筑节能技术与建筑外立面设计整合的关键。整合过程不是各项节能技术产品简单的机械叠加,而是因地制宜地融合多项节能技术。建筑节能技术体系有通用性也有独特性,在不同的自然环境、地域、经济及技术发展水平的制约下,只有适宜的节能技术措施才能产生明显的节能效果。因此,要根据建筑自身的特点和所处的环境,采用适宜的技术及措施,构成切实可行的建筑节能技术体系,才是节能技术发挥最大效益的保证。

合理的建筑设计方案是提高能源在建筑中利用效率的基本保障。建筑节能综合不是简单地在建筑设计过程中采用节能技术,而是如何系统地运用上述四项策略,把能量与建筑设计进行有机整合,从而探索出新设计方法的问题。单项高新技术或节能技术的应用只是建筑节能设计的一个方面;建筑师熟练应用建筑节能综合设计的策略,掌握一定的建筑节能技术体系并在建筑设计中加以实践,才是建筑设计方案达到理想节能效果的必要前提。

(四)能量路径优化

能量路径优化策略——适应能量传递优化路径的建筑外围护结构设计,即将建筑中的能量传递路径设计和围护结构设计进行有机整合。

热能是能量的一种存在形式,当能量在建筑围护结构中传递时,总是选择距离最短、阻力最小的路径。因此,合理安排能量的传递路径是降低建筑能耗的有效方法之一。建筑设计中的表皮、屋顶、楼地板等外围护结构是建筑与周围环境进行能量交换的主要路径。建筑围护结构和内部设计与能量传递路径的巧妙整合,以及与建筑融合的建筑围护结构设计,可以实现建筑的美观、实用和节能。

第二节 绿色建筑国内外现状

一、国外绿色建筑的现状

国外从 20 世纪 60 年代开始就对绿色建筑进行了相应的探索和研究。当时,美籍意大利建筑师保罗·索勒瑞把"生态学"和"建筑学"两词合并,提出"生态建筑学"的新理念。1963 年 V. 奥戈亚在《设计结合气候:建筑地方主义的生物气候研究》中,提出建筑设计与地域、气候相协调的设计理论。1969 年,美国风景建筑师麦克哈格在其著作《设计结合自然》一书中,提出人、建筑、自然和社会应协调发展并探索了建造生态建筑的有效途径与设计方法,它标志着生态建筑理论的正式确立。20 世纪 70 年代石油危机后,工业发达国家开始注重建筑节能的研究,太阳能、地热、风能、节能围护结构等新技术应运而生,其中在掩土建筑研究方面的成果尤为突出。20 世纪 80 年代,节能建筑体系越来越完善,并在英、德等发达国家广为应用,但建筑物密闭性提高后产生的室内环境问题逐渐显现。20 世纪 90 年代之后,绿色建筑理论研究开始走入正轨,相继颁布了绿色建筑的评价指标,为绿色建筑的建造和评价提供了依据。

1990 年,由英国建筑研究所(BRE)提出的"建筑研究所环境评估法"是世界上第一个绿色建筑评估法。受英国的启发,国外其他国家和研究机构相继推出不同类型的建筑评估法。主要划分为注重对能源消耗的评估、注重建筑材料对环境影响的评估、注重建筑环境整体表现的评估三类。英国建筑研究环境评估法BREEAM(1990)包括一系列的评估系统,涉及各种类型的建筑物:办公楼、住宅、工业建筑和购物中心及超市。该体系有以下几个目的:提供降低建筑物对全球和本地环境影响的指导,同时创造舒适和健康的室内环境;使致力于环境问题的房屋开发商通过此项评估体系,获得分值认证和得到相应的证书。

欧盟建筑研究环境评估法的检验体系由欧联盟房屋研究机构(UK Building Research Establishment)设置,适用于规模城镇和地产的发展,以及重建项目。其着重于位置发展,房屋和结构的可持续型。这一体系包含环境、社会和经济问题,需要对案例选择和分析结果进行解释。

德国 2002 年通过了《能源节约法》,取代了以往的《供暖保护法》和《供暖设备法》,制定了新建建筑的能耗新标准,规范了锅炉等供暖设备的节能技术指标和建筑材料的保暖性能等。

《美国绿色建筑评估体系》(LEEDTM)中的评估标准在世界各国的各类绿色建筑评估以及可持续性建筑评估标准中,都被认为是最完善、最有影响力的评估标准,已成为世界各国建立各自建筑绿色及可持续性评估标准的范本。

印度、日本、澳大利亚和加拿大等国都已成立了绿色环保建筑协会。澳大利亚采用绿星认证评估体系(Green Star System),日本采用环境效率综合评价体系(CASBEE)。

这些绿色建筑评估标准及政策法规的发布,为绿色建筑设计、施工提供了依据,同时也体现了国际上对建筑节能及绿色建筑的重视。

显然,美国、英国、日本等国的绿色建筑发展是走在前列的。

美国自进入 21 世纪以来,绿色建筑就步入了一个迅速发展的阶段。绿色建筑的组织、理论、实践和社会参与程度都呈现了空前的局面,取得了骄人的业绩。到 2009 年,美国绿色建筑协会的会员已经突破了两万个。美国政府更是不断对美国住宅和联邦建筑物进行翻新和绿色化改造。目前,美国的绿色建筑当之无愧地处于世界的领先地位。

英国在 2007 年成立了"英国绿色建筑委员会"。创立了国际性的绿色建筑评估体系标准后,英国的绿色建筑发展事业可谓蒸蒸日上。英国近年来除了积极引导几千万英国家庭成为更加环保节能的"绿色家庭",还努力减少英国全国的碳排放量,并规定自 2016 年开始建造的房屋都必须达到"零碳排放"的标准。

日本的绿色建筑规模化发展也比较晚,从 20 世纪 90 年代中后期开始。但是由于日本社会各界的高度重视,绿色建筑在日本得到了快速发展,受到了世界各国的极大关注和很高的评价。日本的绿色建筑环境效率综合评价方法是比较出名的。这种方法是在限定的环境性能的条件下,从"环境效率"定义出发进行评价,以各种用途、规模的建筑物作为评价对象,评估通过措施降低建筑物环境负荷的效果。

二、国内绿色建筑的现状

我国的绿色建筑研究始于 2001 年,之后发展得越来越快,尤其是 2005 年,由建设部、科技部、国家发展和改革委员会等重要部门共同召开的国际智能、绿色建筑与建筑节能大会充分显示了政府对绿色建筑的重视和推动力。绿色建筑的发展呈现出勃勃生机。

2005 年,绿色建筑在设计阶段的执行率为 53%,施工阶段才 21%,也就是说当时大部分的新建建筑都不是节能建筑和绿色建筑;2006 年,设计阶段和施工阶段执行率大幅上升,但施工环节还有一半左右没有执行;2007 年起,施工单位逐渐重视起来,到 2008 年施工阶段执行率已达 82%。很显然,我国的绿色建筑事业进步很大。

(一)国内绿色建筑的规模

国内绿色建筑发展迅猛,近年来,在国家政策的大力推动下,绿色建筑进入了规模化发展阶段。截至 2015 年 6 月 30 日,全国已评出 3 194 项绿色建筑评价标识项目,总建筑面积达到 3.59 亿 m^2,其中设计标识项目 3 009 项,占总数的 94.2%,建筑面积为 3.37 亿 m^2;运行标识项目 185 项,占总数的 5.8%,建筑面积为 0.22 亿 m^2,见图 2-10。

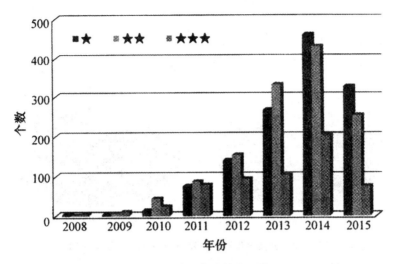

图 2-10 国内绿色建筑发展情况

截至 2015 年 6 月底,各星级的组成比例为:一星级 1 293 项,占 40.5%,面积 1.60 亿 m²;二星级 1 308 项,占 41.0%,面积 1.48 亿 m²;三星级 593 项,占 18.5%,面积 0.52 万 m²,见图 2-11(a)。从图中可以看出,一星级和二星级的比例相当,三星级的比例最少,这主要是跟星级的成本有关,绿色建筑的星级越高,成本也越高。

绿色建筑各种类型的组成比例为:居住建筑 1 569 项,占 49.1%,面积 2.31 亿 m²;公共建筑 1 602 项,占 50.2%,面积 1.23 亿 m²;工业建筑 23 项,占 0.7%,面积 480.3 万 m²,见图 2-11(b)。

(a)　　　　　　　　　　　　　　(b)

图 2-11 绿色建筑各种类型的比例

另外,公共建筑和居住建筑中各星级的组成比例见图 2-12。从图中可以看出,两类建筑中,一星级和二星级的比例旗鼓相当,但就三星级而言,公共建筑的比例相对较高,主要是很多总部办公建筑、展馆建筑、示范工程都是公共建筑,这些项目往往因为其定位高端、具有示范效应而申请三星级。

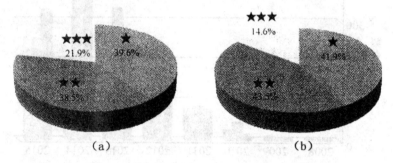

图 2-12　公共建筑和居住建筑中各星级的组成比例

从全国范围看,目前,江苏、广东、山东、上海、浙江、湖北、天津、河北、陕西、北京十个地区的绿色建筑数量均超过 100 个,遥遥领先,这些省市的绿色建筑数量占总数的 31.3%;标识项目数量在 30~100 个的地区占 37.5%;标识项目数量在 10~30 个的地区占 28.1%;标识项目数量不足 10 个的地区只有一个澳门,占 3.1%,具体见图 2-13。很显然,我国绿色建筑的分布不均衡。

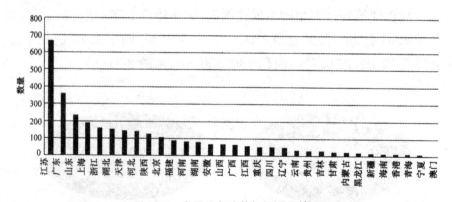

图 2-13　全国绿色建筑标识项目情况

我国绿色建筑地域分布的不均衡主要是跟当地的经济发展水平、气候条件等因素有关,经济发展条件好的省市如江苏、广东、上海、山东、北京等省地绿色建筑标识项目数量和项目面积也相对较多,反之则较少。

总的来看,2008 年以来,我国的绿色建筑发展迅速,数量和面积上均取得了可喜的成绩,但相对我国近 500 亿 m² 的总建筑面积而言,绿色建筑的比例不到 1%。所以,我国的绿色建筑发展之路仍任重而道远。

(二)国内绿色建筑发展现存的问题

虽然在国家的大力支持和从业人员的共同努力下,我国的绿色建筑能源利用技术越来越成熟,但由于我国绿色建筑起步晚,在很多方面还存在不少问题。这些问题主要表现在以下方面。

1.民众对绿色建筑的认知不足

"绿色建筑"这个概念在政府层面和业内人士层面均有较高和较统一的认知度。但对普通民众来说,绿色建筑还是一个相对陌生的概念,他们主要通过电视、网络、书刊、广告、展览等媒介以及朋友、同事之间的谈论来了解绿色建筑。某些开发商对绿色建筑概念的炒作,导致很多人认为绿色建筑就是高档建筑或高成本建筑。有相关调查显示,80% 以上的被调查者认为绿色建筑会增加造价成本,近 40% 的被调查者认为高绿化率的小区就是绿色建筑,近 30% 的人认为绿色建筑与环境保护有关。此外,还有不少人认为,新产品、环保产品、高科技技术都是绿色建筑的标签,距离自己的生活很远。这种认知在一定程度上加深了投资者和消费者对绿色建筑的误解,对绿色建筑的推广形成了较大的阻碍。

客观而言,绿色建筑的确需要较高的成本,但绿色建筑也有星级之分,三星级的增量成本相对较高,但一星级和二星级的成本相对适中,尤其是一星级绿色建筑几乎没有成本增量。国家在引进绿色建筑标准和技术时,就充分考虑了这些问题,规定绿色建筑所采用的技术产品和设施的成本要低,要尽可能地不影响整个房地产的价格。

很显然,要想让绿色建筑进行规模化发展,就不能只停留在专家、政府官员层面,而应进入寻常百姓家,让老百姓明白什么是绿色建筑,打消他们对"绿色建筑"不正确的认知观念。如果老百姓真正了解了绿色建筑,就会越来越关注绿色建筑,就会注意到房屋的能耗、材料、室内环境质量、二氧化碳的减排等,继而就更能接受绿色建筑。这当然会大大增加绿色建筑的市场需求,促使绿色建筑真正健康、规模化地发展。

2.社会大环境生产链断档,效益不能体现

一方面,由于我国的绿色行动还刚刚起步,整个行业发展参差不齐,困难重重,先行者举步维艰。另一方面,我国的相关标准水准还不到位,时常"无可适从,不知所处",执行力弱。政府虽然大力倡导绿色建筑,但还缺乏机构和技术行动准备。

3.绿色建筑的质量参差不齐

自 2008 年以来,我国已评审通过了 3 000 多个绿色建筑,其中不乏优秀的绿色建筑作品,如深圳建科院的办公大楼、绿地集团总部大楼等。但其中也掺杂着不少滥竽充数的伪绿色建筑,如部分开发商为了楼盘销售炒作新概念而在前期开展绿色建筑的工作,此类楼盘往往只做设计标识,拿到设计标识完成销售目标后即将绿色建筑方案束之高阁,后期完全没有落实,这些项目是为了标识而标识,是应该被批判的"伪绿色建筑",不是真正的绿色建筑。

另外,也有部分绿色建筑咨询机构专业技术水平不足,开展绿色建筑咨询时不是结合项目实际情况有的放矢地进行精细化设计,而是为了获得绿色建筑认证标识,"对条文、硬上技术",如某些项目不适用中水却花高成本硬上中水技术,虽然符合绿色建筑标准条文要求,但与项目本身的契合较差,导致成本偏高而实际运行效果差,绿色建筑不"绿"。这些获得标识的绿色建筑项目其实不算真正意义上的绿色建筑,但占的比例却不在少数。

4.绿色建筑重设计而轻运营

我国绿色建筑虽起步晚,但发展迅速,很多项目都获得了认证。但从目前的认证情况来看,绝大多数绿色建筑项目均为设计标识,运行标识项目的比例非常低。衡量绿色建筑是否真正做到"绿色、节能",不应仅仅局限于通过设计标识认证,而是应从项目后期实际运行情况具体判断,即需要通过对设计标识项目进行调研评估后确定其是否真正"绿色、节能"。

中国建筑科学研究院上海分院对全国上百个绿色建筑项目进行了详细调研,在调研过程中发现了大量问题。以下就是其中普遍存在的问题。

(1)设计不够精细化。这带来的问题有:一是导致某些技术因缺少一些必需的设备而无法正常启用,或使用效果打折扣,如中水系统缺少曝气装置。二是设备选型时出现容量不足,无法满足项目要求,如地源热泵容量选用不足的问题就很普遍,该问题带来的后果是地源热泵系统的使用效果较差。三是未根据项目实际情况进行设计,如某些项目复层绿化的植物配置在并不适合滴灌的情况下,设计了滴灌系统。

(2)部分设计阶段采用的绿色建筑技术(如中水系统、节水灌溉、雨水系统等)后期并没有真正施工落实,缺乏与绿色建筑技术相关的监管和验收环节。

(3)在采用相关技术时,缺少充分的技术经济可行性分析,使得技术使用效果无法达到预期。如某些项目场地较小,雨水收集量较少,采用雨水系统的话,增量成本较高,投资回收期也会较长,关键是雨水系统的使用效果会很差。

(4)在项目中采用具有自控系统或功能的机电设备时,或控制线路出现问题,或传感器、执行器出现故障,或物业人员技术能力有限无法完成操作系统,即存在 BA 系统的各部分缺乏维护、BA 系统的调试和对操作人员的培训工作不到位的问题,导致"智能不智"。

（5）物业管理人员节水、节电、节能意识较差,对系统的运维数据、分项计量数据进行分析的能力有限,这些都直接影响了绿色建筑技术的运行效果。

5.绿色建筑存在技术堆砌问题

我国有不少绿色建筑项目在方案设计时没有或很少考虑被动节能技术,优化措施也较少,而是在方案完成后再去大量增加一些主动的绿色技术措施,有技术堆砌的倾向。这种技术堆砌往往会加大增量成本。绿色建筑不应该是高科技新技术的堆砌,而应该是因地制宜地采用适宜技术,如河北有个国际合作的改造项目,对建筑进行了从外保温到供热、智能、玻璃、门、天顶棚和水循环系统的全面改造,政府给每户出 3 000 元,住户自己出 2 000 元,国外机构资助 2 000 元,总共一户投资 7 000 元,改造后,住户一年所减少的开支就达到 3 000 元以上。

6.绿色建筑的市场监管不力

我国在绿色建筑的推进过程中也出现了不少问题。比如,绿色建筑相关主体的能力、资质、水平参差不齐,如部分绿色建筑咨询机构水平不足,许多设计人员不愿意学习新技术而被动等待绿色咨询人员的方案,绿色建筑产品的质量也是参差不齐。绿色建筑带动了一批相关产品,但产品厂家在配合项目时只会套用标准模块,而不会根据项目的实际情况做出合理化的设计。由此可见,我国绿色建筑的市场监管还很薄弱。因此,我国理应加强绿色建筑产品的认证及产品市场准入机制,完善准入机制,保障市场健康发展。

其实,面对上述问题,我国相关部门已经开始采取一定的措施。例如,为贯彻落实节约能源法、《民用建筑节能条例》和《国务院办公厅关于大力发展装配式建筑的指导意见》(国办发〔2016〕71 号),了解各地 2016 年度建筑节能、绿色建筑和绿色建材、装配式建筑工作的进展,总结推广各地好的经验和做法,查找工作中的不足,住房城乡建设部于 2017 年 1 月至 4 月开展建筑节能、绿色建筑与装配式建筑实施情况专项检查。当然,必须认识到,绿色建筑的发展是一个长远的事业,需要持续不断地为此付出努力。

第三章　绿色建筑与节能

　　大部分的环境专家认为,当今所有地球的环境危机,有 7 成以上起因于能源相关问题,假如不能解决当前的能源危机课题,根本不必奢谈地球可持续发展。尽管绿色建筑的内容包罗万象,但其中最重要的主题莫过于建筑节能对策。尤其全球的建筑相关产业,已消耗地球 50% 以上的能源,任何建筑设计假使不落实节能对策,根本遑论绿色建筑。绿色建筑的"能源系统"及技术应用具有两方面的取向:其一,节流,在建筑全生命周期内节约能耗,提高能源的利用效率;其二,开源,在使用能源上尽可能地减少或避免使用非再生资源,充分发掘太阳能、风能、生物质能、水能、地热能等各种可再生资源的使用方法和技术。

第一节　绿色建筑节能技术

　　建筑与外界区分的界面是建筑的重要组成部分——围护结构,它包括外墙、屋顶和门窗等。

一、绿色建筑围护结构节能设计——外墙

　　外墙保温以前都是采用厚重砖墙和多层窗户来建造的,目的就是加强外围护结构的保温性能,减少通过其消失的热量。现在我们可以采用各种导热系数小、保温效果好的材料,通过合理地外墙构造,在很大程度上提高外墙保温性能的同时减少外墙的厚度,如此可以得到更多的有效建筑面积,建筑本身的隔热与保温,一直存在这个问题,不过在以往设计建造中也积累了不少有用的经验与技术措施。比如说朝向的选择、如何防止太阳光的直射、

遮阳等。建筑,如何突出它的绿色与节能,就是要合理地利用当地的气候条件、地理位置、朝向、外墙节能构造、遮阳、绿化、自然资源的利用等绿色节能措施,达到保温与隔热的效果。

外墙的绿色节能技术分为外保温(图 3-1)、中保温、内保温(图3-2)三种形式。外墙保温技术三种形式优缺点的对比如表 3-1 所示。

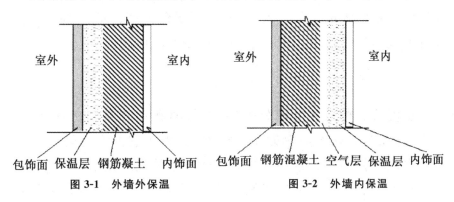

图 3-1　外墙外保温　　　　图 3-2　外墙内保温

表 3-1　外墙保温技术的优缺点对比

项目	外墙保温隔热技术	中间保温隔热技术	内保温隔热技术
优点	1.适用范围广泛 2.提高主体结构的使用寿命,减少长期的维修费用 3.降低建筑造价,增加房屋使用面积 4.基本消除"热桥"的影响 5.使墙体湿润情况得到改善 6.有利于室温保持稳定,改善室内热环境质量 7.有利于墙体的防水和气密性 8.可相对减少保温材料的用量 9.便于对建筑物进行装修改造	1.在外墙中间设置热绝材料,能够较好地发挥墙体自身对外界的防护作用 2.对保温材料的强度要求不够严格	1.在承重墙内侧设置复合保温材料,施工简单不复杂 2.热绝材料强度要求低,技术性要求比外保温低 3.造价相对较低
缺点	1.与国外相比,国内的外保温施工难度较大 2.对保温材料要求严格	1.易产生热桥 2.内部易构成空气对流 3.施工相对艰难 4.墙体裂痕不易控制 5.抗震性差	1.难以防止"热桥"产生 2.防水和气密性差 3.不利于建筑物维护 4.内保温板材呈现裂痕是一种普遍现象

建筑维护结构节能技术主要是指通过加大各部分围护结构的热阻,提高其保温隔热的能力,在保证应有的室内环境的气候的前提下,冬季采暖期间建筑内的热量的散失,节约采暖的能耗;夏季有效地防止各种室外热湿作用造成的室内气温过高,节约空调的能耗。建筑维护结构的重要组成部分为墙体,它是自然界不同气候与室内人的生活环境的分界线,绿色节能外墙改造的主要实现方式是外墙保温改造和新型墙体技术的应用。

(一)外墙保温设计

保温墙的构造主要有外保温、内保温和夹心保温三种做法。其中,外保温的保温隔热效果是最好的,由于它的合理性与科学性使之成为目前比较常用的具有广阔前景的先进技术之一。

外保温节能就是指在建筑主体外侧,施工添加一层保温隔热的环保节能材料,来实现保温隔热的效果。外墙保温的承重材料,有煤矸石砖、混凝土空心砖切块、页岩砖、蒸压粉煤灰砖、蒸压灰砂砖等。常用的保温材料有 EPS、XPS、PU、岩棉板、玻璃棉毡、EPS保温颗粒砂浆等。它的优点有:可以避免产生热桥;有利于保障室内的热稳定性;有利于提高建筑结构的耐久性;可以减少内部的冷凝现象;有利于既有建筑节能改造。

但就保温层施工难度来说外保温复合墙体不如内保温简便,由于地理位置各不相同,在实际工程中保温饰面层的使用环境恶劣,要能够经受起风吹雨淋、冻融曝晒的考验,工程造价不易控制。大致上外墙可采用的保温构造分为以下几种类型。

1.单设保温层

单设保温层的做法是保温构造最普遍的方式,是用导热系数小的材料做保温层,并与受力墙体结合从而起到加强保温的功效。这种方案的优点是,所选材料的保温性能较高,保温材料轻快不起承重作用,可灵活性选择板块状、纤维状、松散颗粒状等材料,适用于屋顶及墙体的保温构造中。

2.封闭空气间层保温

在建筑围护结构中架置空气间层能够明显提高保温性能,施工方便,成本低。起保温作用的空气间层厚度,一般以 40～50 mm 为宜。间层表面应采用强反射材料,例如采用经过涂塑处理的铝箔材料进行涂贴,就可明显提高空气间层的保温能力。若采用强反射遮热板来增加空气间层数,保温的效果会更好。采用涂塑处理等保护措施是为了延长反射材料的使用寿命。

3.混合型构造

当单一方式不能满足建筑保温要求,或为达到保温要求而造成技术经济上的不合理时,往往采用混合型保温构造。例如,既有单设保温层,又有封闭空气间层的外墙或者屋顶结构。其特点是混合做法的保温构造比较复杂,但保温性能好,尤其在热工要求较高或者恒温室热工要求较高的房间得到较多的采用。

(二)绿色节能的新型墙体技术

发展和采用经济、高效的绿色节能墙体已成为建筑行业在当今社会不断倡导绿色环保的必然选择。现在广泛用于建筑隔热保温方面的材料主要有玻璃棉、岩棉、加气混凝土等。目前常见的新型节能墙体有:EPS(模塑聚苯乙烯泡沫塑料)板薄抹灰外墙外保温系统;胶粉 EPS 颗粒保温浆料外墙外保温系统;现浇混凝土无网聚苯板复合 ZL 胶粉聚苯颗粒外墙外保温技术;机械固定 EPS 钢丝网架板外保温系统;GRC(玻璃纤维增强水泥)复合节能墙体;聚苯板抹灰外墙外保温体系;ZL 胶粉聚苯颗粒外墙外保温体系;EC—2000外墙外保温体系;无溶剂聚氨酯硬泡外保温技术;ZL 泡沫玻璃外保温等。

1.外保温系统

(1)EPS 板薄抹灰外墙外保温系统

此系统使用历史最长,技术最成熟,具有规范完善、缺陷少、施工性最佳、操控规程完善、保温性能优越等特点,导热系数为 0.04。

(2)EPS 板现浇混凝土外墙外保温系统(图 3-3)

该系统与 EPS 板薄抹灰外墙外保温系统相比,优缺点包括以下几方面。

①外保温板与墙体一次成形,人工成本低,安装快捷而且机械和零配件使用少。

②侧压力对保温板的压缩影响保温效果。

③破坏墙体外立面的平整度。

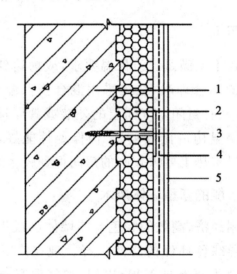

图 3-3 EPS 板现浇混凝土外墙外保温系统构造图

1—现浇混凝土外墙;2—EPS 板;3—锚栓;4—抗裂泥浆薄抹面层;5—饰面层

(3)胶粉 EPS 颗粒保温浆料外墙外保温系统

此系统由保温浆料系统构成,采用预混合干拌技术。其优点包括以下几方面。

①容量小,导热系数低,保温性能好。

②耐水性能好,软化系数高。

③触变性能好,静剪切力强。

④厚度易控制,材质稳定,整体性好。

⑤干燥快且干缩力低。

2.节能墙体

(1)双层通风幕墙

双层通风幕墙的基本特征是双层幕墙和空气流动、交换,所以这种幕墙被称为双层通风幕墙。双层通风幕墙能够明显提高幕墙的保温、隔热、隔声功能。

它由内外两层幕墙组成,形成一个箱体。外层幕墙属于封闭状态,由明框、隐框或点支式幕墙构成。内层幕墙可开启,由明框、隐框或是开启扇和检修通道门组成,可分为封闭式内通风幕墙和开敞式外通风幕墙(图3-4)。

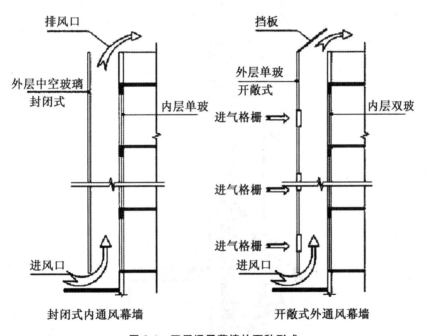

图3-4 双层通风幕墙的两种形式

封闭式内通风幕墙由室内地下通道吸入空气,从热通道内上升至排风口,从吊顶内的风管排出。由于外幕墙处于完全封闭状态,在室内完成循环,热通道中空气温度与室内基本相同,能够极大地节省取暖和制冷的能源消耗。但内封闭通风幕墙的整组循环都要靠机械系统,对设备有较高的要求。

　　双层通风幕墙的工作原理是:在夏季,打开通道上下进出风口百叶后,风口的高度差在热通道内形成,然后产生烟囱效应,冷空气从下进风口进入而热空气从上排风口排出。自下而上的气流不断地将新鲜的空气带入热通道内,同时又将热量带到室外,由此降低了内幕墙的外表面温度,减轻了建筑空调制冷的运行负担(节能 40%～60%)(图 3-5)。

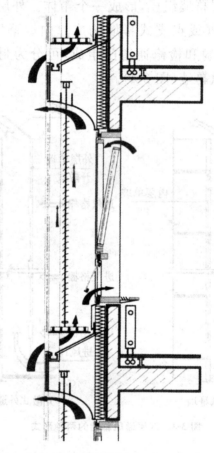

图 3-5　夏季开启风口,通风降温

　　在冬季,将热通道上下两端的进出口百叶关闭,由于阳光的照射,内外两层幕墙中间的热道的空气温度升高,内层幕墙的外表面温度在温室的形成作用下提高了,从而减少建筑采暖的运行费用(节能 40%～60%)(图 3-6)。

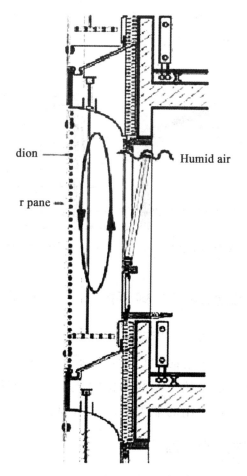

图 3-6　冬季关闭风口,温室保暖

（2）太阳能空气加热墙体（SAH）技术

SAH 系统由气流输送和集热两部分组成。冬季在白天,室外的空气经由过小孔进入空气腔并在流动过程中吸收太阳辐射,通过热压作用上升进入建筑物的通风系统,然后由管道分配输送至各层空间（图 3-7）。冬季在夜晚,吸收了墙体向外散失的热量的空腔内的空气,通过风扇的运转,又被重新带回室内。这样既保证了新风量又补充了热量。在夏季,因为风扇停止了运转,室外的热空气只能从太阳墙底部或者是孔洞进入,再从周围和上边的空洞流出,因此热量不会进入室内（图 3-8）。原理简单、收集太阳能效率高、造价低和回收成本时间短是该系统的优点,极大地节约能源和节省建筑的供暖费用是利用好此系统的良好的预期成果。

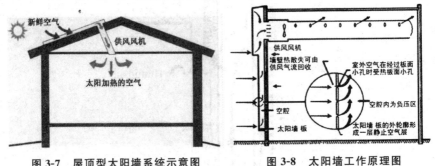

图 3-7　屋顶型太阳墙系统示意图　　　图 3-8　太阳墙工作原理图

二、绿色建筑围护结构节能设计——屋顶

建筑物外围护结构中屋顶所造成的室内外温差传热耗热量,大于任何一面外墙或地面的耗热量。减少空调耗能,改善室内热环境的一个重要措施就是屋面的保温隔热性能的提高,同时对提高抵抗夏季室外热作用的能力也至关重要。

(一)倒置式保温屋面

倒置式屋面的特点是在防水层之上做保温层,对防水层起到屏蔽和防护的作用,温度变化不受阳光和气候变化的影响,更不容易受到外界的机械损伤。

1.倒置式屋面的优点

与普通保温屋面相比,倒置式保温屋面的优点(图 3-9)包括以下几方面。

(1)简单的构造,以免浪费。

(2)保护防水层,以免受到热应力、紫外线以及其他因素的破坏。

(3)出色的抗湿性能使其具有长期稳定的保温隔热性能与抗

压强度。

（4）如果采用挤塑聚苯乙烯保温板能拥有长久的保温隔热功能，持久性等同于建筑物的寿命。

（5）增水性保温材料可以使用电热丝或其他传统工具进行切割加工，施工快捷方便。

（6）日后对屋面的检修不损失材料，简单方便。

（7）高效保温材料的使用符合建筑节能技术的发展方向。

总之，倒置式保温屋面与传统保温屋面相比，虽然造价比较昂贵，但其优越性是显而易见的。

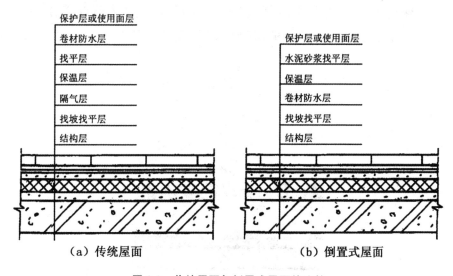

（a）传统屋面　　　　　　（b）倒置式屋面

图 3-9　传统屋面与倒置式屋面的比较

2.倒置式屋面构造层次及做法

倒置式屋面的基本构造层次由下至上为结构层、找坡找平层、卷材防水层、保温层、水泥砂浆找平层、保护层或使用面层，具有以下几种做法。

（1）防水层上直接铺设保温板，卵石或天然石块或预制混凝土块等直接铺设于敷设纤维织物层上以做保护层。简便的施工，经久耐用，便于维修是它的优点。

（2）在防水层上直接粘贴发泡聚苯乙烯水泥的隔热砖用水泥

砂浆。其优点为构造简单,造价成本低。缺点是发泡聚苯乙烯使用寿命相对有限,在使用过程中会有自然损坏,不容易维修而且容易损坏防水层。

(3)防水层上直接铺设挤塑聚苯乙烯保温隔热板(以下简称保温板),配筋细石混凝土做于此上,如果需要美观,还能再做水泥砂浆粉光,粘贴缸砖或广场砖等。上人屋面上适用于此法,经久耐用,缺点却是不易维修。

(二)种植屋面

种植屋面是指覆土或铺设锯末、蛭石等松散材料直接作用在屋面防水层上,并且多种植植物以起到隔热作用(图 3-10)。

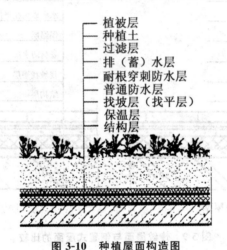

植被层
种植土
过滤层
排(蓄)水层
耐根穿刺防水层
普通防水层
找坡层(找平层)
保温层
结构层

图 3-10 种植屋面构造图

利用植物的光合作用是种植屋面隔热的基本原理,先将热能转化为生化能,然后利用植物叶面进行蒸腾作用以增加散射量,最后利用植物培植基质的热阻和热惰性来降低内表面的平均温度和振幅。

(三)蓄水屋面

在刚性防水屋面上蓄一层水则为蓄水屋面,它利用水蒸发时带走大量水层中的热量来有效地减弱屋面的热传量和降低屋面温度(图 3-11)。

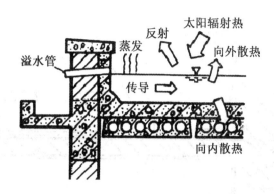

图 3-11　开敞式蓄水屋面刚性防水屋面夏季热量传导示意图

增加了一壁三孔是蓄水屋面与普通平屋顶和防水屋面的不同,其中一壁是指蓄水池的仓壁,三孔是指溢水孔、泄水孔和过水孔。蓄水屋面的构造特征就是一壁三孔(图 3-12)。

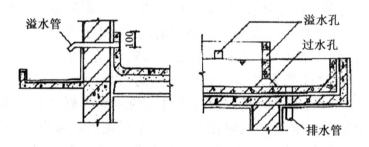

图 3-12　蓄水屋面构造图

(四)架空屋面

在屋面防水层上采用薄型制品架设一定高度的空间则为架空屋面,它是能起到隔热作用的屋面。

架空屋面的架空隔热层高度一般设为 18~300 mm,女儿墙和架空板之间的距离不应小于 250 mm(图 3-13)。

方法:基层的处理→测量与放线→弹线→砖砌的支座→杂物的清理→架空隔热板的搁置→勾缝。

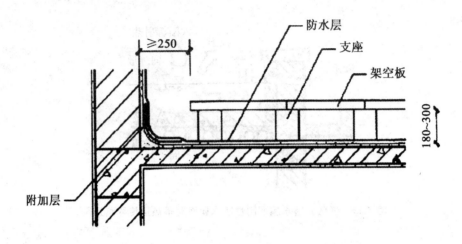

图 3-13 架空屋面的最小高度和距离女儿墙的距离

(五)浅色坡屋面

当前多数住宅还是采用平屋顶,中午是太阳辐射最强的时间,对于坡屋面来讲太阳光线是斜射的,而对于平屋面来讲却是正射的,只有不到 30% 的日照通过深暗色的平屋面进行反射,却有 65% 的日照通过非金属浅暗色的坡屋面得到反射,因此,20%～30% 的能源消耗通过高反射率的屋面得到节省。由此可见平面屋隔热效果比坡屋面差很多,平屋面的防水也较为困难,并且消耗很高的能量。如果将平屋面改为坡屋面并保温隔热材料内置,不仅可以提高屋面的热工性能还能够扩大使用的空间(顶层的面积可增加约 60%),更有检修维护费用低、易防水和耐久的优点。近几年,随着建筑材料技术的不断发展,各种各样的坡瓦材料用于坡屋面,选择的色彩多,对于改变千篇一律的建筑平屋面的单调风格,丰富建筑的艺术造型和点缀建筑的空间都起到了很好的装饰作用。我们国家也在不断地发展平改坡工程,越来越多的房屋加入改造的行列,使原先千篇一律的建筑焕然一新,既美化了环境,又有利于节能。

(六)压顶屋面

将吸收的热能储存在屋顶表面作压顶用的岩石里即为压顶

屋面系统,在白天高耗能时段能防止将热传到建筑内。压顶屋面具有明显阻止热量进入的作用。

(七)"冷"屋面

对于"冷"屋面至今尚没有明确的定义。根据与"冷"屋面有关的法规,可以将"冷"屋面定义为:大于 0.65 的反射率(Albedo)和大于 0.75 的热辐射系数的屋面。

由于"冷"屋面的反射率和折射系数都比较高,所以"冷"屋面受到太阳照射时表面温度相对比较低。

三、绿色建筑围护结构节能设计——门窗

建筑围护结构的组成部分是建筑门窗和建筑幕墙,也是建筑物热交换、热传导最活跃和最敏感的部位。

(一)控制建筑各朝向的窗墙面积比

通过区别不同朝向控制窗墙比(表 3-2)提高窗户的遮阳性能,可以采用固定式或活动式遮阳。就一般建筑物来说,外门窗的传热系数在围护结构中较大,所以应在允许范围内尽量缩小外窗的面积,这样能够减少热量的损耗,然而热量损耗与外窗的朝向密不可分(表 3-3)。

表 3-2 严寒和寒冷地区的居住建筑的窗墙比

朝向	窗墙面积比	
	严寒地区	寒冷地区
北	0.25	0.30
东、西	0.30	0.35
南	0.45	0.50

表3-3 外窗热工性能因素对性能的影响

朝向	窗外环境条件	外窗的传热系数 K/W(m² · K)²				
		窗墙面积比≤0.25	0.30≥窗墙面积比>0.25	0.35≥窗墙面积比>0.30	0.45≥窗墙面积比>0.35	0.5≥窗墙面积比>0.45
北（偏东60°到偏西60°的范围）	冬季最冷月室外平均气温>5℃	4.7	4.7	3.2	2.5	—
	冬季最冷月室外平均气温>5℃	4.7	4.7	3.2	2.5	—
东、西（东或西偏北30°到偏南60°范围）	无外遮阳措施	4.7	3.2	—	—	—
南（偏东30°到偏西30°范围）	有外遮阳措施（其太阳辐射透过率≤20%）	4.7	3.2	3.2	2.5	2.5
		4.7	3.2	3.2	2.5	2.5

（二）不以室内环境的舒适度来换取节能效果

（1）不能只片面地强调节能而脱离实际应用情况去设计节能门窗，而应在满足节能的同时尽可能地降低门窗的造价；并且充分考虑材料的性质以保证生产制造工艺和安装技术的可行性。

（2）获取节能效果是不以牺牲室内空气质量为代价的。

（3）根据科学技术来进行门窗节能的设计以提高建筑的热工性能和采暖空调设备的能源使用率，还能不断提高建筑的热环境质量和降低建筑的能耗。

（4）应该保护我们的居住环境、城市环境以及可持续发展的生态环境。

（三）窗户节能

1. 减少窗的传热能耗——采用节能玻璃

节能玻璃类型：吸热玻璃、中空/真空玻璃、热反射玻璃，表 3-4 是各种节能玻璃的对比。一般来说窗户节能如图 3-14 所示。

表 3-4　节能玻璃的对比

	吸热玻璃	中空/真空玻璃	热反射玻璃
优点	良好的透光性，可防辐射和吸收太阳可见光	良好的隔音效果，可防辐射并且运用起来比较灵活	有较强的反射能力并可以保持隐蔽性
缺点	隔音效果不太好	复杂的工艺和较高的成本	金属物质需要增加在玻璃表层，因此影响透光性
适用范围	夏热冬冷或夏热冬暖的地区	严寒的地区	夏热冬冷或夏热冬暖的地区
厚度	厚度为 0.6~2cm	中间 0.6~1.6cm 干燥气体，玻璃 0.3~1.5cm	厚度为 0.3~1.2mm

节能门窗的设计原则：外门窗设计要保证房屋具有围护、采光、通风等基本功能要求；在设计节能门窗时，不可片面强调节能，脱离实际应用情况，不受经济条件限制来选材、设计；而应在满足节能功能的前提下，尽可能降低门窗的造价；不能以牺牲室内空气质量、降低室内环境的舒适度来获取节能效果；门窗节能设计依靠科学技术，提高建筑热工性能和采暖空调设备的能源利用效率，不断提高建筑热环境质量，降低建筑能耗；不能损害居住环境、城市环境和可持续发展的生态环境。

辐射

因为温度差异，热能会通过空间转移

太阳
SUN

典型6mm厚度透明玻璃的太阳能穿越特性

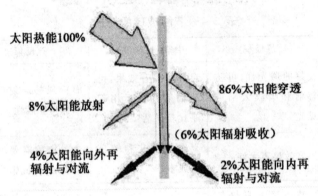

太阳热能100%

86%太阳能穿透

8%太阳能放射

（6%太阳辐射吸收）

4%太阳能向外再
辐射与对流

2%太阳能向内再
辐射与对流

图3-14 窗户的节能

2.提高窗框的保温性能——节能效果的途径是加强框扇型材部分

（1）选择导热系数较小的框料。

（2）截断金属框料型材的热桥用以制成的断桥式框料的方法是利用导热系数小的材料。

（3）截断金属框扇的热桥的方法是采用框料内的空气腔或使用空气层。

3.提高窗的气密性以减少冷风的渗透

（1）保护窗的气密性和水密性以及隔声性和隔热性能达到一定的水平的关键措施是完善的密封。

(2)冷风通过窗进入室内的三条途径:框—洞;框—扇;玻璃—扇。

(3)密闭构件。

4. 开扇的形式与节能

(1)在保证必要的换气次数的情况下尽量缩小开扇的面积。

(2)良好的节能方式是选用周边长度与面积比较小的窗扇形式——接近正方形。

(3)镶嵌的面积尽可能的大。

5. 提高窗保温性能的其他方法

(1)采用具有保温隔热特性的窗帘和盖窗板等构件。

(2)运用盖窗板。

(3)运用夜墙。

(四)门

1. 户门

(1)要求具有保温、隔热和防盗等功能。

(2)其构造是一般利用金属门板,采取 1.5 cm 厚玻璃棉板或 1.8 cm 厚岩棉板为保温和隔声材料。

(3)居住建筑的户门传热系数:在严寒地区,户门传热系数≤1.5 W/(m² · K);在寒冷地区,户门传热系数≤2.0 W/(m² · K);在寒冷冬冷地区,户门传热系数≤3.0 W/(m² · K)。

(4)公共建筑的户门没有具体要求。

2. 阳台门

落地玻璃阳台门,按照外窗做节能处理,具体如表 3-5 所示。

表 3-5   落地玻璃阳台门的节能处理

门框材料	门的类型	热传阻 R_0	热传系数 K_0
木、塑料	夹板门、蜂窝夹芯门	0.40	2.50
	单层实体门	0.29	3.50
	单层玻璃门（玻璃比例小于30%）	0.22	4.50
	单层玻璃门（玻璃比例30%～60%）	0.20	5.00
	双层玻璃门（玻璃比例不限）	0.40	2.50
金属	单层玻璃门（玻璃比例不限）	0.15	6.50
	单框玻璃门（玻璃比例不限）	0.20	50
	单框玻璃门（玻璃比例30%～70%）	0.22	45
	单层实体门	0.15	6.50
无框	单层玻璃门	0.15	6.50

第二节   可再生能源的利用

新能源的开发利用，不仅因为以矿物燃料为基础的常规能源日益枯竭，更重要的是由于长期大量的消耗矿物燃料，对人们赖以生存的地球环境造成了巨大的威胁。当前随着社会生产的不断开发对能源的需求也在不断增加，几次世界范围的油危机更加深了人们对于能源危机的认识程度。随着环保呼声的不断高涨，环境污染治理的任务也更加艰巨，这就促使了可再生能源和储能系统的联结与约束，其中必不可少的中间环节就是电子装置，包涵电能的转换、变换、储存、管理和供电控制。

一、太阳能的利用

(一)太阳能资源

太阳是一座巨大的工厂,主要以核能为动力,拥有巨大、久远和无尽的能源,其每秒发射 3.8×10^{23} KW 的能量。太阳对地球大气层辐射的能量约占总辐射能量的 22 亿分之一(约为 3.75×10^{26} W),但已经高达 1.73×10^{17} W,也就是说,每秒太阳照射到地球上的能量约为 500 万吨煤。地球每年照射的能量为 6.1×10^{17} 亿 Kcal,折合 87 000 吨标煤,是当前世界能源消耗的 700 倍。根据核聚变可知,氢聚合成氦需要释放巨大的能量,每 1 g 约亏损 0.0072 g。按照当前太阳产生核能的速度估算,其氢的储存量能够维持 600 亿年,因此可以说太阳能是一种取之不尽、用之不竭的可再生能源。

(二)太阳能集热器

太阳能集热器是一种吸收太阳的辐射并将所产生的热能传送到传热工质的装置。

1. 太阳能集热器的分类

(1)按照传热工质,可将集热器为液体集热器和空气集热器。

(2)按照进入采光口的太阳辐射能否改变方向,集热器可分为聚光型集热器和非聚光型集热器。

(3)按照是否跟踪太阳,可将集热器分为跟踪集热器和非跟踪集热器。

(4)按照是否有真空空间,可将集热器分为平板型集热器和真空管集热器。

(5)按照工作温度范围,可将集热器分为低温、中温和高温集热器。

(6)按照使用材料,可将集热板分为纯铜、铜铝复合和纯铝集热板。

目前常用的是平板型的和真空管型的太阳能集热器。

2.平板型太阳能集热器

平板型集热器是由吸热板、隔热层、透明盖板和外壳四部分组成的(图 3-15)。

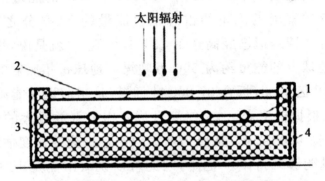

图 3-15　平板型集热器结构示意图

1—吸热板;2—透明盖板;3—隔热层;4—外壳

其基本的工作原理是:太阳辐射在平板型集热器工作时穿过透明盖板,并投射在吸热板之上,使其能够被吸收并且转化为热能,之后将热量传给在吸热板内的传热工质,以提升它的温度,使集热器能够将有用的能量输出。

3.真空管太阳能集热器

真空管太阳能集热器就是将透明的盖层与热吸体之间的空气抽空变为真空的太阳集热器。可分为全玻璃和金属吸热体两种真空管集热器。

全玻璃真空管太阳能集热器的核心元件是全玻璃真空太阳集热管。全玻璃的真空太阳集热管形状犹如一个被拉长的暖水瓶胆,两根同心的圆玻璃管组成了其内部结构,抽空两管并通过选择来吸收涂层在内管的外表面所构成的吸热体,然后将太阳能转变为热能用来加热内管中的传热的流体(图 3-16)。

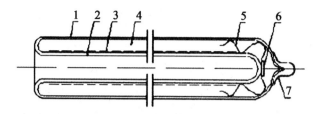

图 3-16　全玻璃真空管的结构示意图

1—外玻璃管;2—内玻璃管;3—选择吸收涂层;4—真空;

5—弹簧支架;6—消气剂;7—保护帽

4.热管式真空管集热器

热管式真空管按照轴相可以分为蒸发段、热绝段和冷凝段（图 3-17）。

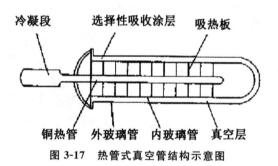

图 3-17　热管式真空管结构示意图

其工作原理是由吸热板所吸收的太阳光通过玻璃照射产生的热量,使热管内的工质汽化,然后被汽化的工质上升到冷凝段中并能够传递热量给管外的冷源最后冷凝成热体。当热源和冷源分开时,工质和外界通过绝热管不断传递热量。液相工质由冷凝段回到蒸发段然后不停地循环工作。

（三）太阳能热水器

太阳能热水器就是指利用太阳中所蕴含的能量将水加热的设备,是一种可再生能源技术。通常分为主动型与被动型两种,被动型一般包含储水槽与集热器,主动型还具有让水循环的泵和控制温度的功能。

其工作原理是太阳光通过穿过吸热管的第一层玻璃照射到

第二层玻璃的黑色吸热层之上,吸收太阳光的热量,因为两层玻璃之间是真空且隔热的,因此热量不能向外传递,只能传递给玻璃管里的水,加热玻璃管内的水,加热的水由于变轻可沿着玻璃管受热面向上进入保温的储水桶,然而桶内温度相对较低的水就沿着玻璃管的背光面进入玻璃管进行补充,经过不断的循环,保温储水桶内的水不断加热,以达到热水的目的(图 3-18)。

太阳能热水器就是把太阳光能转变为热能,将水加热升高温度,以便满足人类在生活和生产中热水的使用需求。太阳能热水器按照不同的结构形式可分为真空管式和平板式两种,当前以真空管式太阳能热水器为主,占国内市场份额的 95%。

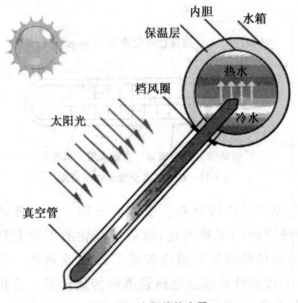

图 3-18 太阳能热水器

(四)太阳能温室

太阳能温室就是在选择一定的空间并用塑料薄膜将其覆盖,太阳光可以透过薄膜进入,然而热量却不能够释放出来,以提高里面的温度。

(1)按照太阳能与和温室结合的方式,可分为主动和被动两种太阳能温室。

（2）按照温室的透光材料,可分为玻璃窗、塑料薄膜和其他透光材料三种太阳能温室。

（3）按照室温的结构分类,可分为图结构温室、砖木结构温室、混凝土结构温室、钢结构温室、钢结构或有色金属结构温室、非金属结构温室。

（五）太阳能制冷空调

太阳能制冷空调是将太阳能系统与制冷机组有机结合,使用太阳能集热器所产生的热量来驱动制冷机制冷的系统。传统的制冷空调的装置一般采用人工合成的物质作为工质,对环境造成危害,而且还需要电力等高品位的能源作为驱动。但是太阳能的制冷空调是利用太阳能作为其主要的驱动能源,还采用氨或其他的自然物质当作工质。

使用太阳能空调的优势有以下两点:（1）太阳能是一种取之不尽、用之不竭的清洁能源,对环境没有污染和破坏,节省对常规能源的需求,也减轻了对环境的压力;（2）利用有利于环境的友好的工质,缓解了温室效应的加剧和对大气臭氧层进行的破坏。

目前常用的两种太阳能制冷方法:第一种是先实现光电的转换,然后再以电力的形式来推动传统的压缩式制冷机进行制冷;第二种是进行光热的转换,以热能来制冷。其工作原理是先用数面镜子使太阳光集中在管道之上,变热管道中流动的水,之后利用这些热水所产生的能量来启动装有冷水的冷却器,此时冷却器则会向空调机提供制造冷气所需的冷水。如果在没有太阳光的情况下则利用天然气作为能源。

（六）太阳能采暖

利用太阳能集热器来吸收太阳辐射能后作用于生活取暖的方法称为太阳能采暖,它较适用于工程型,可解决冬季采暖所产生的能源紧张的问题,是一项环保、节能的利国利民的好方法。太阳能具有如下采暖优势:（1）太阳能采暖是非常环保的工程。

它不同于普通采暖方式的热源,普通采暖的热源是燃煤、电、油和气等,而太阳能采暖使用的却是无污染的可再生的太阳能。(2)太阳能采暖经济效益显著。太阳能采暖通常有 20 年左右的使用寿命,但在 3～5 年就可将投资成本收回,因此它具有十分显著的经济效益。(3)节能减排。太阳能采暖是非常清洁而安全的,它不会存在二氧化碳中毒的危险,更不会发生像烫伤等的意外。非常适用于大型建筑,像学校、办公室、工厂或养殖温室等。如果安装了太阳能采暖还可免费获得洗浴的热水,是一项一举数得的节能减排工程。

(七)太阳房

采用太阳能采暖和降温的房子称为太阳房。它是一种既能取暖发电,又能去湿降温并且通风换气的节能型环保住宅。可分为主动式和被动式两种太阳房(图 3-19)。

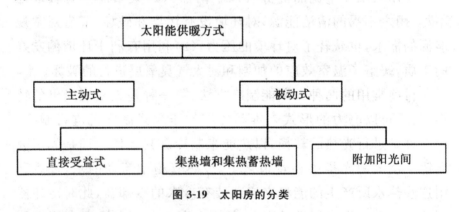

图 3-19 太阳房的分类

直接采用太阳辐射能的重要成果是太阳房,将房屋当成一个集热器,然后把高效隔热的材料、透光的材料和储能的材料通过建筑设计有机地结合在一起的房屋(图 3-20)。

1.主动式太阳房

主动式太阳房主要利用太阳能集热器,其采暖供热系统的工作原理如图 3-21 所示。

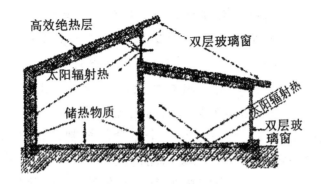

图 3-20　太阳房

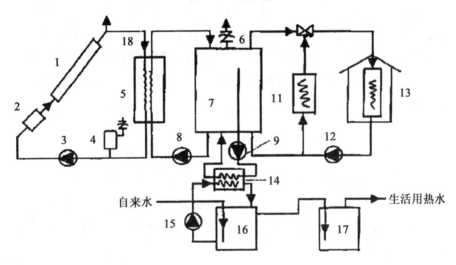

图 3-21　主动式太阳房的采暖供热系统的示意图

1—集热器；2—过滤器；3,8,9,12,15—循环泵；4—储存器；5—集热器热交换器；
6—减压阀；7—蓄热水箱；10—电动阀；11—辅助热源；13—散热器；14—热水交换器；
16—预热水箱；17—辅助加热水箱；18—排气阀

该系统分为以下三个循环回路。

（1）集热器的回路。主要由集热器、过滤器、循环泵、储存器和集热器交换器等部件组成。该回路采用两个温度的传感器和一个差动的控制器进行差动控制，其中的一个温度传感器（热敏电阻或热电偶）将安装在集热器的吸热板接近于传热介质的出口处，而另外一个温度传感器将安装在蓄水箱的底部接近于收集回路的回流出口处，当第一个传感器的温度比第二个传感器高 5～10℃时,集热的泵就会打开,流体则会从储存器流经集热泵进入集热器内,同时将空气由集热器置换到储存器当中;反之,当两个传感器的温度相差 1～2℃时,集热循环泵将会自动关闭。

(2)采暖的回路。主要由蓄水箱、电动阀、辅助热源、散热器等部件组成。此回路是采暖房间内热媒的循环的回路,自动控制通常采用两个温度的传感器与一个差动的控制器,其中将一个温度传感器放在蓄热水箱的采暖回路的出口处附近,室内设置温度敏感元件去测量室温,当室内的温度开始降低时,蓄热水箱的温度高达一定的数值,此时关闭辅助加热器,由蓄热水箱来提供热量;而另外的一个温度传感器将安置在该回路的回水管道当中,如果室内的温度不断下降,且第二个传感器温度高于第一个时,说明蓄热水箱的热量达不到满足负荷的要求,电动阀将自动切断蓄热水箱和系统的联系,并将脱离循环,这时由辅助的加热器供暖。

(3)生活用热水的回路。主要由热水交换器、预热水箱、辅助加热水箱和循环泵等部件组成。自来水流经热水交换器之后进入预热水箱,然后将预热后的水从预热水箱顶部进行循环流到辅助加热的水箱中,最后在辅助的加热水箱内上升到所期望的温度以供各处房间使用。

2.被动式太阳房

不设专门的集热器,只通过对建筑的朝向和周围环境的合理布置来进行建筑内外部形体的巧妙处理则是被动式太阳房,它通常以自然交换的方式使建筑物在冬季尽量多吸收并储存热量,从而达到采暖的目的(图 3-22)。集热、蓄热和保温是被动式太阳房建设的三要素。

在白天中午直接利用太阳辐射进行的供暖是最简单的太阳房(图 3-23)。此种太阳房具有构造简单,取材方便,造价低,无须维修并有自然的舒适感等优点。被动式太阳房的投入远远低于主动式太阳房,在我国特别是农村有很大的发展前景。

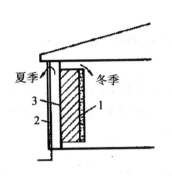

图 3-22　被动式太阳能供暖系统

1—墙体；2—玻璃；3—涂黑的墙面

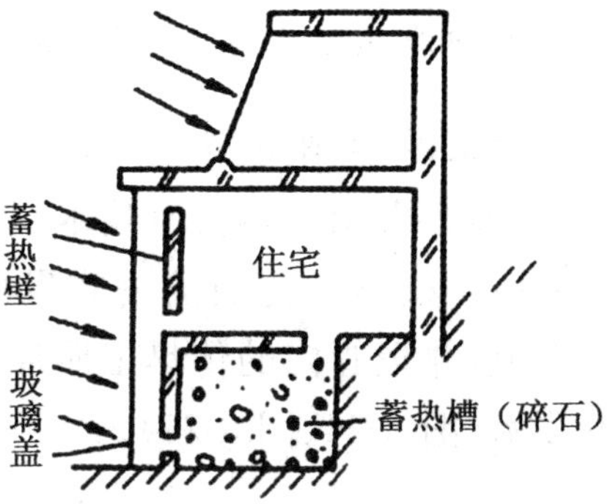

图 3-23　被动式太阳房示意图

（八）太阳能热发电系统

通过水或其他工质和装置将太阳辐射能转化为电能的发电方式，称为太阳能发电。

太阳能热发电技术通常有两种形式：一是直接利用太阳能的发电。其特点是发电装置本体无活动部件。二是将太阳能通过太阳能集热器收集起来，也就是说先把热能转化为机械能，然后再把机械能转化为电能。

1.太阳能热发电系统基本原理

所谓太阳能的热发电，就是把太阳能采用聚光集热器聚集起来，将某种工质加热至 $100℃$ 的高温，之后经过热交换器即可产生高压高温的过热蒸汽，驱动汽轮机并带动发电机发电。从汽轮机里出来的蒸汽，已大大降低了其压力和温度，经过冷凝器又冷凝结成液体，然后重新被泵回热交换器中以便开始新的循环。

先将太阳辐射转化为热能，之后是将热能转化为机械能，最终将机械能转化为电能是使用太阳能所进行的热发电的能量转化过程。

2.太阳能热发电系统的分类

一般来说,太阳能热发电形式有槽式、塔式、碟式三种系统。

(1)槽式太阳能热发电技术

使用圆柱形抛物面的槽式发射镜把太阳能聚焦于管状的接收器之上,并把管内的传热工质加热的发电系统就是槽式太阳能发电技术(图 3-24、图 3-25)。

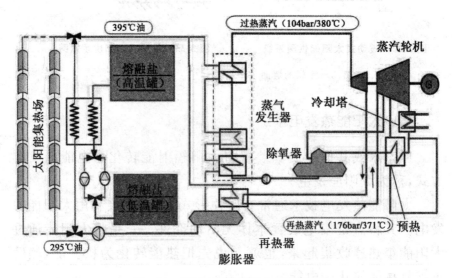

图 3-24　槽式太阳能热发电系统原理

图 3-25　槽式太阳能发电厂

（2）塔式太阳能热发电技术

在空旷的平地上建立高大的塔并在塔顶安置固定一个接收器，塔的周围安装了大量的定日镜，把太阳光聚焦并且反射到塔顶的接收器之上产生高温，接收器内所生成的高温蒸汽则会推动汽轮机进行发电的系统就是塔式太阳能热发电技术（图3-26、图3-27）。

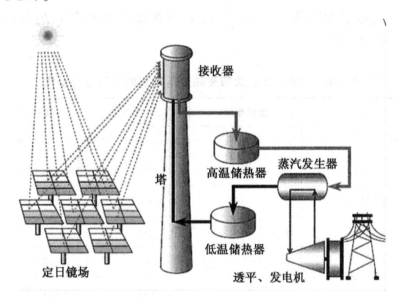

图 3-26 塔式太阳能的热发电系统的原理图

图 3-27 塔式太阳能发电厂

（3）碟式太阳能热发电技术

使用旋转抛物面的碟式发射镜把太阳能聚焦于一个焦点就是碟式太阳能热发电系统。

以上3种太阳能的热发电系统中（表3-6），当前进入商业化阶段的只有槽式热发电技术，而其他两种类型均处于中试阶段，但是它们有着良好的商业化前景。这三种类型的系统，既可单纯地应用于太阳能，也可安装成为与常规的燃料联合运行的混合发电系统。

表3-6 3种类型的太阳能热发电系统的主要性能参数

参数	格式系统	塔式系统	蝶式系统
规模	30～320 MW	10～20 MW	5～25 MW
运行温度/℃	390/734	565/1 049	750/1 382
年容量因子/%	23～50	20～77	25
峰值效率/%	20	23	24
年净效率/%	11～16	7～20	12～25
商业化情况	可商业化	示范阶段	实验样机阶段
技术开发风险	低	中	高
可否储能	有限制	可以	蓄电池
可否组成混合系统	可以	可以	可以
成本			
美元/m²	630～275	475～200	3 100～320
美元/W	4.0～2.7	4.4～2.5	12.6～1.3
美元/Wp	4.0～1.3	2.4～0.9	12.6～1.1

(九)太阳能光伏发电系统

通过利用太阳能把太阳辐射转化为电能的发电系统即为太阳能光伏发电系统(图 3-28)。有离网和联网两种运行方式。

图 3-28　太阳能光伏发电系统

太阳能的光伏发电是依靠太阳能电池组件,利用半导体材料的电子学特性,当太阳光照射在半导体 PN 结上,由于 P-N 结势垒区产生了较强的内建静电场,因而产生在势垒区中的非平衡电子和空穴或产生在势垒区外但扩散进势垒区的非平衡电子和空穴,在内建静电场的作用下,各自向相反方向运动,离开势垒区,结果使 P 区电势升高,N 区电势降低,从而在外电路中产生电压和电流,将光能转化成电能。光伏发电系统主要有两种形式:一种为独立光伏发电系统,由光伏方阵、控制器、蓄电池、逆变器、交流负载组成独立的供电系统;另一种为并网光伏发电系统,由光伏方阵、控制器、并网逆变器组成并网发电系统,将电能直接输入公共电网(图 3-29)。

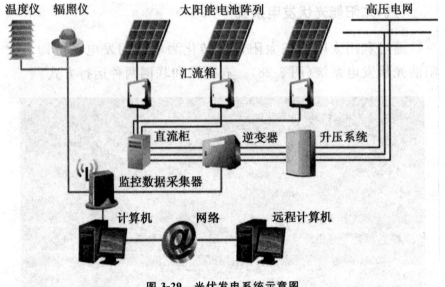

图 3-29 光伏发电系统示意图

二、风能的利用

(一)风能资源

地球表面大量的空气流动所产生的动能即是风能。风能是一种清洁的、可持续使用的,对环境没有污染,不破坏生态屋的绿色资源,风能受到人们越来越多的关注。风对建筑热环境层面,城市规划、场地总体布局、建筑群体空间组织、单体建筑主要朝向与开口设置、建筑外维护结构热工设计等都有影响。在夏季,应该充分利用主导风组织自然通风,改善建筑外部空间和建筑室内的热环境;冬季则应该避开主导风,降低冷风对室内环境的不利影响。

风能的蕴含量极其强大,大概为 2.74×10^9 MW,其中可以使用的风能大概为 2×10^7 MW,大概是地球上可使用的水力资源的能量的 10 倍。我国的风能储存量巨大、分布广泛,陆地上风能的储量约为 2.53 亿 KW。在中国根据不同的地理位置可将风能分为四大类型:风能的丰富区、风能的较丰富区、风能的可使用区和风能的欠缺区。

（二）被动式风能利用——自然通风

绿色建筑被动式风能的利用主要依据"热压原理"和"风压原理"组织自然通风。自然通风根据不同建筑设计可以分为：(1)单面通风；(2)贯流式通风即穿堂风；(3)风井或者中庭通风。自然通风具有有利于环境健康、提高建筑环境热舒适性和节能等优点。

（三）主动式风能利用——风力发电

建筑主动式风能利用就是指利用风能发电为建筑运行提供能源。风力发电兴起于20世纪70年代，历经多年的发展，当前已经成为一种重要的大型并网的发电技术。

1.风力发电原理

风力发电是把风的动能转换为机械能，之后再把机械能转换为电能。风力发电组即风力发电的装置，通常由风轮、发电机(包括装置)、塔架、调向器(尾翼)、限速安全机构和储能装置等组成。

风力发电的基本工作原理为：利用风力带动风机的叶轮进行旋转，将风的动能转换为风轴的机械能，利用风轴带动发电机旋转进行发电，将机械能转换为电能(图3-30)。

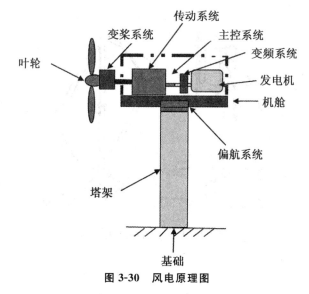

图3-30　风电原理图

2.风力发电类型与特征

风力发电机主要有水平轴和垂直轴两种类型。水平轴风机（图 3-31）的叶轮总是围绕水平轴旋转，一般由 2～3 个叶片组成。叶片的安置与旋转轴相垂直，叶轮在工作的时候总将旋转平面和风向相垂直。

图 3-31　水平轴风机

垂直轴风机（图 3-32）的风轮总是围绕一个垂直轴旋转，风机塔架结构简单。

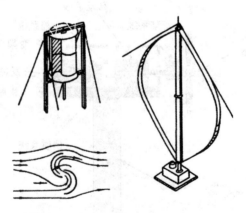

图 3-32　垂直轴风机

3.风能发电系统在建筑中的应用

(1)建筑屋顶的风力发电

建筑屋顶发电就是在建筑屋顶安装风力发电机(图 3-33),一般选用微风启动、小型、低噪声、防雷电的风机,常采用垂直风力发电机,占用空间小,风向改变时也无须对风。小型发电系统一般作为独立的电源为建筑物供电。

图 3-33　风力发电在屋顶的应用

(2)多层、高层建筑的风力发电

涡轮发电机和风电设备装在多层、高层建筑物之间,流经它们之间的较强气流产生电。通常将两建筑建成开放式的喇叭口形状,以便获得更多的风能。地区的风力资源和局域风环境对发电系统都有影响。多层、高层建筑的风力发电机一般设置在建筑边角(入射角度一般为 $30°\sim50°$)、洞口、狭缝等部位。高层风力发电比普通风力发电的电能超出 25%。

三、水能的利用

水能是一种清洁的可再生的绿色能源,包括水体的动能、势能以及压力等能的能量资源。建筑水能的广义应用主要有:从海洋和河流中获取的能源,建筑水资源的供给,利用水容量大的特性建筑的室内环境调控提供冷热源等。

从可再生资源的利用层面,水能的利用包括水力发电、潮汐能的利用、波浪能的利用等措施。

(一)水力发电

把水能转化为电能的工程的建设以及生产运行等的技术经济问题的科学技术称为水力发电。水力发电中利用的水能主要是蕴藏于水体中的位能。为了将水能转换为电能,需要兴建不同类型的水电站。

利用水位差来配合水轮发电机把产生的位能先转换为机械能,再利用机械能推动发电机发电转换为电能是水力发电(图3-34)的工作原理。

图 3-34 水力发电

(二)潮汐能的利用

月球及太阳对地球的吸引力和地球自转引起海水的周期性的涨落的现象称为潮汐。从海水面的昼夜间的涨落中所获得的能量称为潮汐能(图 3-35)。潮汐能是人类开发利用的可再生能源,一般用于潮汐能发电。潮汐能一般有三种形式:拦潮堤坝、潮流发电和潮力发电。

图 3-35　潮汐能

（三）波浪能的利用

由海洋表面的波浪的运动所产生的动能与势能的能量之和称为波浪能（图 3-36）。波浪能是一种分布广、储量大和无污染的可再生资源。通常用于波浪的发电、供热、抽水、制氢和海水淡化等方面，其中最主要的应用方式就是波浪发电。波浪发电是采用波浪的水平和垂直运动及海浪中水压力的变化所产生的能量来带动发电机进行发电。

图 3-36　波浪能

波浪能发电装置是将波浪能先转化为机械能，后转化为电能的装置。主要包括三部分：（1）采集系统，用于波浪能的采集和吸收；（2）中间转换系统，将吸收的波浪能转化为能量；（3）发电系统，将能量转化为电能。按能量传递形式可以将波浪能分为：气动传动、直接机械传动、高压液压传动和低压水力传动等。

四、浅层地热能的利用

(一)浅层地热能

浅层地热能是指储藏在地表下数百米范围内的地质体的恒温带中的可开发利用的热能,是蓄积的太阳辐射与吸收地表后的一种能量的转化形式。浅层地热能具有储量大、分布广、品位低、通常不受气候和地域的影响、使用简单、相对温度的恒定的特点,取之不尽、用之不竭的可循环再生的低温能源(10℃~25℃)。浅层地热能通常用于土壤源和水源的热泵技术,指通过换热系统与地下水和岩土体进行热能的交换,消耗少量的高品位的电能来驱动热泵,由低品位向高品位转化热能,以便实现建筑物的供暖和制冷。浅层地热能还可用于"覆土建筑"。

(二)地源的热泵技术

地源的热泵技术就是指利用管路、设备及介质,将低品位的浅层地热源中的热量转化为高品位的能量,实现建筑制冷与供暖的空调系统。

地源热泵的工作原理(图 3-37)是:在夏季,热泵机组从室内吸收热量并转移释放到地源中,实现了建筑物空调的制冷;在冬季,热泵机组从地源中吸收了热量,并向建筑物供暖。

(三)覆土建筑

全部或部分被土质覆盖的建筑称为覆土建筑。通常采用覆土来改善建筑的热工性能,以方便节约建筑的能源。

覆土建筑具有节能、节约土地资源、吸音隔声、防风、防震、减少大气污染、保持景观和地面生态建筑的连续性的优点。

覆土建筑的空间格局主要有地下式、井院式、立面式、穿透式和混合式五种模式。

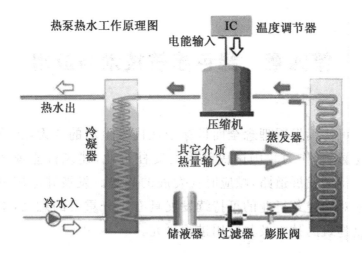

图 3-37 地源热泵原理图

总之,绿色建筑不仅要满足冬季保温,还要满足夏季的隔热,这一点非常重要。我们应该在建筑节能方面不断地发展完善,将更多的节能技术应用到绿色建筑当中,还应开发利用更多的可再生资源。采用通风层等各种通风构造措施。对于建筑外墙,特别是西向的外墙,栽培爬山虎等攀墙的植物,利用植被对墙体进行降温。

第四章 绿色建筑技术与应用

在可持续发展理念全面贯穿于现代人生活的今天,建筑行业也深受影响,作为我国国民经济的支柱行业,建筑行业理所当然应走可持续发展道路,顺应时代发展的趋势。发展并应用绿色建筑技术对于建筑行业的可持续发展具有十分重要的意义,本章即对绿色建筑的技术及其应用进行研究。

第一节 绿色建筑技术策略

一、前言

在推动我国低碳生态城市发展模式的进程中,绿色建筑是最重要的政策手段之一。从最基本的区域气候条件来看,不同气候区域内的绿色建筑项目数目可能会随自然资源、气候特点、采暖空调要求等条件而不同。不过除了自然气候要素外,市场经济活动也是主要决定绿色建筑建设集聚的因素。

绿色建筑可能需要投入额外成本,但也会带来效益,成本和收益的差就是经济效益。然而在绿色建筑的发展过程中,不同阶段、不同类型的绿色建筑经济利益是有差异的。我国目前的绿色建筑评价技术标准是全国性的,不同城市的宏观经济和房地产市场条件却有差异,反映绿色建筑项目的市场回报就不一样,因而导致同技术水平的绿色建筑在不同城市的数量就有差异。这种差异特征也表明绿色建筑的推动和地方宏观经济条件是分不开的。

二、各类指标中应用最多的前 6 项技术

在绿色建筑的评价体系六大指标下还设有分项指标。绿色建筑要求在六大指标方面有综合、全面、协调的考虑,但并不要求每个分项指标都要满足,在即将出台的《绿色建筑评价标准》中,对分项指标提出了定性和定量的要求,根据符合分项指标的程度,对绿色建筑进行分级,绿色建筑的建设单位可以根据项目的具体情况,选择和实现不同等级的绿色建筑的目标(表 4-1)。随着时间的推移和绿色建筑实践经验的日益丰富,绿色建筑的技术逐步成熟,解决方法也会逐渐增多,对绿色建筑的要求会逐步有所提高。

表 4-1　各类指标中应用最多的前 6 项技术统计

技术＼类别	节地与室外环境	节能与能源利用	节水与水资源利用	节材与材料资源利用	室内环境质量	运营管理
1	透水地面	保温材料加厚	节水器具	预拌混凝土/砂浆	隔声设计/预测	合理的智能化系统
2	地下空间开发	节能外窗	绿化喷灌、微灌	可再循环材料回收	CFD 模拟优化	分户计量
3	交通优化	能耗模拟优化	雨水收集回用	土建与装修一体化	采光模拟优化	HVAC、照明自动监控系统
4	屋顶/垂直绿化	高效光源	雨水分项计量	灵活隔断	无障碍设计	垃圾分类
5	噪音预测	太阳能热水设备	中水回用	高强度钢/混凝土	可调节外遮阳	生物垃圾处理
6	公共服务配套完善	照明智能控制	冷凝水收集回用	建筑结构体系	空气质量监控系统	定期检查/清洗空调

从应用的技术角度来看,在 6 类指标要求中,绿色建筑项目最主要的增量成本源于要满足"节能与能源利用"指标的要求。在这类指标中,目前又以建筑节能技术为决定成本的最主要因

素,图 4-1 为应用最多的绿色建筑技术统计。

建设单位对不同指标组合的选择有明显差异,同时,指标也有不同的达标率。部分高参评和高达标率的指标代表了这些绿色建筑设计技术手段在市场上很成熟,被建设单位和设计单位广泛使用,有关技术已被掌握(如围护结构节能设计、场地交通组合等)。事实上,大部分此类指标都没有明显的额外成本(如透水地面和绿化、用水计量)。可以预见,未来这些绿色建筑设计技术会继续普遍化,成本会因而再降。

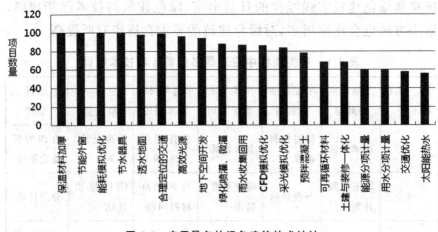

图 4-1　应用最多的绿色建筑技术统计

三、各星级绿色建筑参评策略

总的来说,星级级别越高,增量成本水平相对较高,但个别项目的增量成本各有变化幅度,显示并不是高评价等级一定有高增量成本。一星级的住宅和公建绿色建筑增量成本基本上已下降到较低水平或接近零(图 4-2、图 4-3)。这说明目前我国绿色建筑一星标准要求的建筑成本影响比较低,可以考虑全面强制要求为新建建筑标准。

绿色建筑的增量成本由项目的设计技术路线及整体设计要求而定,而不同设计路线存在增量成本的差异,要同样达到某种水平星级的评价,可以通过不同增量成本水平的设计来达到。不少项目可以通过设计方向、评估指标选择、技术应用组合等手段，以较低的增量成本达到较高的绿色建筑星级。

从技术角度来看，在 6 类指标中，绿色建筑项目最主要的增量成本源于要满足"节能与能源利用"的指标要求。在这些指标类中，目前又以建筑节能技术为决定成本的最主要原因。

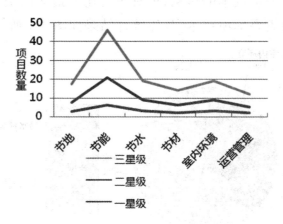

图 4-2　各类指标中技术/产品的应用个数

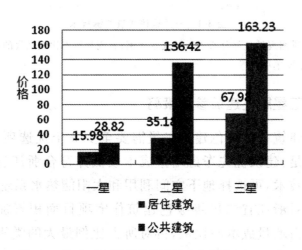

图 4-3　绿色建筑增量成本统计

建筑节能技术的成本幅度反映了不同星级的建筑节能效率水平要求，成本分析说明，建筑节能已是十分普遍的绿色建筑技术，反映了市场在技术、产品供应、设计知识的日趋成熟现象。

（一）一星居住建筑参评策略

居住建筑参评绿色建筑一星对优选项没有要求,只要控制项全部满足,且一般项达到一星项数要求,即能达到一星标准。

经过对浙江省一星级绿色建筑住宅项目面积累加后计算出各大类所占增量成本的比例,再对所占比例最大的类别中细分出增量较大的主要单项技术,具体统计结果如图 4-4 所示。

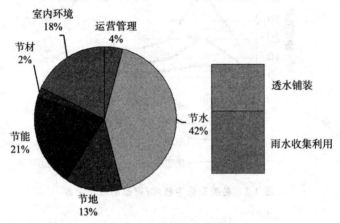

图 4-4　一星居住建筑关键技术

注:左侧饼图表示各部分所占增量成本比例;右侧为所占比例最大的类别中细分出增量较大的主要单项技术

（二）二星居住建筑参评策略

居住建筑参评绿色建筑二星需要至少 3 个优选项,且控制项要全部满足,建议优先考虑增量成本较低并符合浙江省地区特点的优选项技术,可选择地下空间利用和太阳能热水系统等技术。

经过对浙江省二星级绿色建筑住宅项目面积累加后计算出各大类所占增量成本的比例,再对所占比例最大的类别中细分出增量较大的主要单项技术,具体统计结果如图 4-5 所示。

（三）三星居住建筑参评策略

居住建筑参评绿色建筑三星需要至少 5 个优选项,且控制项要全部满足,建议优先考虑增量成本较低并符合浙江省地区特点的优选项技术,可选择地下空间利用、太阳能热水系统、高效空调机组等技术。

经过对浙江省三星级绿色建筑住宅项目面积累加后计算出各大类所占增量成本的比例,再对所占比例最大的类别中细分出增量较大的主要单项技术,具体统计结果如图 4-6 所示。

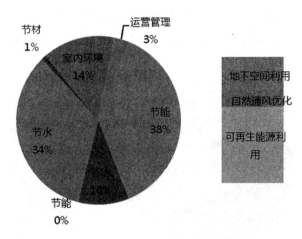

图 4-5　二星居住建筑关键技术

注:左侧饼图表示各部分所占增量成本比例;右侧为所占比例最大的类别中细分出增量较大的主要单项技术

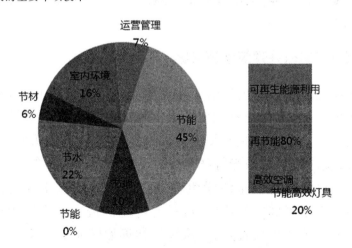

图 4-6　三星居住建筑关键技术

注:左侧饼图表示各部分所占增量成本比例;右侧为所占比例最大的类别中细分出增量较大的主要单项技术

(四)一星公共建筑参评策略

公共建筑参评绿色建筑一星对优选项没有要求,只要控制项全部满足,且一般项达到一星项数要求,即能达到一星标准。

经过对浙江省一星级绿色建筑公共项目面积累加后计算出各大类所占增量成本的比例,再对所占比例最大的类别中细分出增量较大的主要单项技术,具体统计结果如图 4-7 所示。

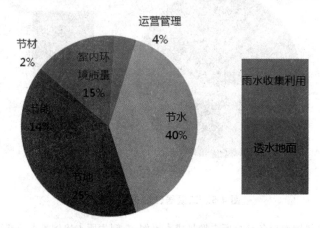

图 4-7 一星公共建筑关键技术

注:左侧饼图表示各部分所占增量成本比例;右侧为所占比例最大的类别中细分出增量较大的主要单项技术

(五)二星公共建筑参评策略

公共建筑参评绿色建筑二星需要至少 6 个优选项,且控制项要全部满足,建议优先考虑增量成本较低并符合浙江省地区特点的优选项技术,可选择透水地面、可再生能源、照明功率密度值、空气质量监控、自然采光等技术。

经过对浙江省二星级绿色建筑公共项目面积累加后计算出各大类所占增量成本的比例,再对所占比例最大的类别中细分出增量较大的主要单项技术,具体统计结果如图 4-8 所示。

(六)三星公共建筑参评策略

公共建筑参评绿色建筑三星需要至少 10 个优选项,且控制项要全部满足,建议优先考虑增量成本较低并符合浙江省地区特点的优选项技术,可选择透水地面、节能80%、可再生能源、非传统水源利用、建筑外遮阳、空气质量监控、自然采光等技术。

经过对浙江省三星级绿色建筑公共项目面积累加后计算出各大类所占增量成本的比例,再对所占比例最大的类别中细分出增量较大的主要单项技术,具体统计结果如图4-9所示。

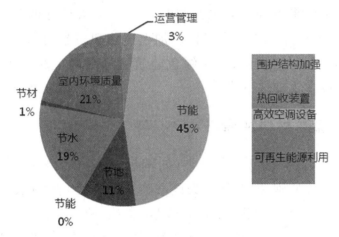

图 4-8 二星公共建筑关键技术

注:左侧饼图表示各部分所占增量成本比例;右侧为所占比例最大的类别中细分出增量较大的主要单项技术

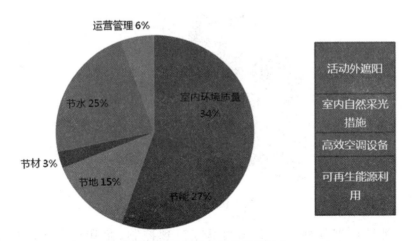

图 4-9 三星公共建筑关键技术

注:左侧饼图表示各部分所占增量成本比例;右侧为所占比例最大的类别中细分出增量较大的主要单项技术

第二节　主要绿色建筑技术特点

经过多年的发展,绿色建筑标准、评价、设计、产品、人员趋于理性化、标准化和规范化,绿色建筑产品由原来的新技术变为成熟技术,由原来不为人知的高科技变成了人人皆知的常用技术,绿色建筑增量成本也随之降低。加上居住建筑趋向部品化,更多住宅是装修交付,因此,对于绿色建筑达到更高星级有了基本方案,增量成本也随之下降。

一、保温材料加厚

墙体保温材料包括有机类(如苯板、聚苯板、挤塑板、聚苯乙烯泡沫板、硬质泡沫聚氨酯、聚碳酸酯及酚醛等)、无机类(如珍珠岩水泥板、泡沫水泥板、复合硅酸盐、岩棉、蒸压砂加气混凝土砌块、传统保温砂浆等)和复合材料类(如金属夹芯板、芯材为聚苯、玻化微珠、聚苯颗粒等)(图4-10)。

图4-10　保温材料

外墙保温使建筑物内部的温度得到控制,尤其是在寒冷的冬季。如果只是内墙的话,冬天气温降低,主墙体的厚度就决定了室内的温度,主墙体越薄,就会使室内温度散失,室内温度降低。

而有了外墙保温后,使热量的散失大大地减少了,从而实现了保温的效果。

二、外窗节能

在整个建筑耗能中,外窗生产制造中选择的材料性能也会对建筑耗能造成一定的影响。在整个外窗材料耗能的过程中,起主要作用的包括窗玻璃与窗框材料。

目前常采用的窗框材料以钢质、木质、铝合金和塑料为主,其中用量较大密封热阻值好的首选塑料窗。双层窗扇的做法是传统的保温节能形式,两层扇中间有 100mm 宽的空间,保证空气的不流动。保温节能窗的用材和结构固然重要,但窗的最大导热辐射面积是玻璃无疑。玻璃的散热主要是依靠传热导和热辐射,而这种传导的热是从玻璃内侧把热传导到玻璃窗的外表面。

三、能耗模拟优化

建筑能耗模拟是指对环境与系统的整体性能进行模拟分析的方法,主要包括建筑能耗模拟、建筑环境模拟(气流模拟、光照模拟、污染物模拟)和建筑系统仿真。其中建筑能耗模拟是对建筑环境、系统和设备进行计算机建模,并算出保护逐时建筑能耗的技术。在设计阶段通过建筑能耗的模拟与分析对设计方案进行比较和优化,配合绿色建筑设计。

四、室外透水地坪设计

室外透水地坪是指在无铺装的裸露地面、绿地,通过铺设透水铺装材料或以传统材料保留缝隙的方式进行铺装而形成的透水型地坪(图 4-11)。

图 4-11　透水地坪的多种应用形式

　　它具有降低热岛效应,调节微气候;增加场地雨水与地下水涵养,改善生态环境及强化天然降水的地下渗透能力,补充地下水量,减少因地下水位下降造成的地面下陷;减轻排水系统负荷,以及减少雨水的尖峰径流量,改善排水状况等等诸多优点。

　　将住宅小区内的大量硬质铺装道路,改用透水地坪铺装可以产生极大的生态效益,同时在雨雪天有效防止路面积水、湿滑,提高住区内的通行安全性。

五、场地绿化设计

　　生态绿化能够有效改善建筑周边热环境,减少温室效应,降低城市噪音,调节碳氧平衡,减轻城市排水系统负荷。常见的生态绿化包括屋顶绿化、垂直绿化以及人工湿地(图 4-12)。

　　建筑场地绿化设计时应结合风环境设计和噪声控制要求,设置一定量的绿化防风带和绿化隔音带。同时,绿色植物的配置应能体现本地区植物资源的丰富程度和特色植物景观等方面的特点,以保证绿化植物的地方特色,并采用包含乔、灌木的复层绿化,形成富有层次的绿化体系。

图 4-12 生态绿化的三种形式

六、绿色照明设计

(一)自然采光设计

建筑自然采光是指采用高透光围护结构或管道式采光构造措施向室内进自然光线,增加室内昼间照度,以提高室内人员活动的舒适度,并减少照明灯具运行时间,降低建筑能耗。自然采光的方式有很多,例如侧窗采光、天窗采光、中厅采光、导光管、光导纤维、采光隔板、导光棱镜窗等(图 4-13)。保障性住房项目可考虑在地下室停车库设计采用管道式光导照明系统(图 4-14)。

图 4-13 室内自然采光系统(光导式照明系统)

图 4-14　地下室自然采光系统(光导式照明系统)

管道式光导照明系统是通过采光罩收集阳光,隔绝红外线等大量产生热量的光线,再利用高反射的光导管,将可见光从室外引进到室内。它是一种可以穿越吊顶,穿越覆土层,并且可以拐弯,可以延长,绕开障碍,将阳光送到任何地方的绿色、健康、环保、无能耗的照明产品。

(二)照明节能设计

完整的绿色照明内涵包括高效节能、环保、安全、舒适等四项指标,不可或缺。高效节能意味着消耗较少的电能获得足够的照明,从而明显减少电厂大气污染物的排放,达到环保的目的。

合理地提高照度是改善室内环境的最简单、最直接有效的方法。在光源的选用上,应克服单一色温照明,合理配搭冷暖光源,多路控制,运用柔和的反射光和漫射光营造医院特有的环境,图 4-15～图 4-17 是一些常见的节能照明灯。

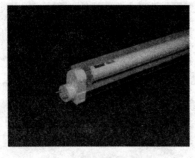

图 4-15　T5 系列节能灯

图 4-16　LED 灯

图 4-17　无极灯

照明节能控制系统主要通过定时器、光控声控系统、辅助装置等对建筑建行照明控制。定时器具有足够的可编程开关点数，保证每天或每周必须的控制数；具有时钟与输出状态显示功能；输出具有足够的常开常闭接点，且接点容量满足控制负荷（中间继电器）的容量要求；自备电池能保证定时器本身用电 24h，停电后程序不会丢失。设计光控声控系统，根据光线强弱、声音大小自动进行供断电是节能的重要手段。但设计时要注意不同季节、气候、时间的光线的强弱都会有所不同，光控装置必须不受上述因素的影响，只根据实际设定的光通量来开断装置。

七、建筑节水设计

节水有两层含义：一是通常意义的节约用水；另一层含义是合理用水。经济合理地提高水的利用效率，是精心管理和文明使用水资源，以使有限的水资源满足人类社会经济不断发展的需要。

因此，在建筑节水的设计中，除了尽可能地采用节水型的卫生洁具和微灌喷灌等浇灌设备，还应考虑有效地利用非传统水源。

（一）雨水回收利用系统

雨水回收利用系统可集中收集屋面、道路等处的雨水等，收集的雨水经过过滤、消毒等技术净化后达到一定的洁净要求,可以用于结合人工湿地景观补水、冲洗道路、绿化用水、生活杂用水、冷却循环等用途。充分利用雨水资源,可以大大减轻城市的需水压力,缓解地下水的资源紧张状况,是改善城市生态环境的重要部分,将会产生巨大的社会、环境及经济效益(图4-18)。

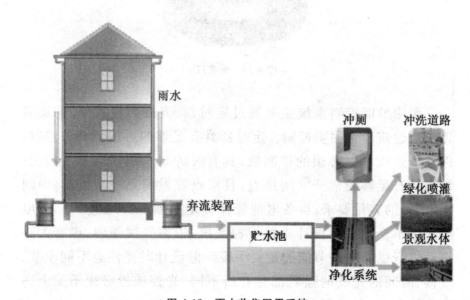

图 4-18　雨水收集回用系统

(二)中水的回收和利用

中水,主要是指城市污水或生活污水经处理后达到一定的水质标准、可在一定范围内重复使用的非饮用杂用水,其水质介于水与下水之间,是水资源有效利用的一种形式。

八、可再生能源一体化设计

可再生能源包括太阳能、地热能、风能、海洋潮汐能等等。太阳能热水系统(图4-19)是利用太阳能集热器,收集太阳辐射能把水加热的一种装置,是目前太阳热能应用发展中最具经济价值、技术最成熟且已商业化的一项应用产品(图4-20)。太阳能热水系统的分类以加热循环方式可分为自然循环式太阳能热水器、强制循环式太阳能热水系统、储置式太阳能热水器这三种。

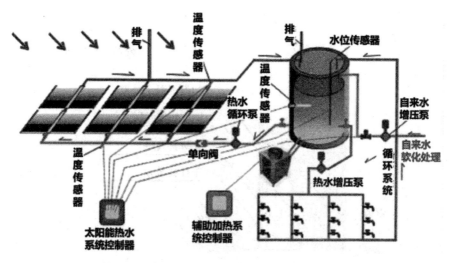

图 4-19　太阳能热水系统

图 4-20　太阳能热水系统安装效果图

第三节　绿色建筑节能环保新技术

一、高效保温隔热外墙体系

建筑内保温致命缺点是无法避免冷桥,容易形成冷凝水从而破坏墙体,因此无论是从保温效果还是从外饰面安装的牢固度和安全性考虑,外墙外保温及饰面干挂技术都是最好的外墙保温方式(图 4-21)。

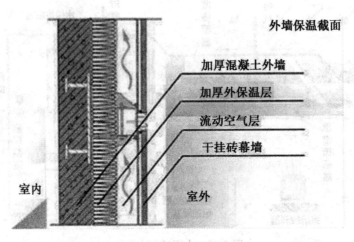

外墙保温截面

加厚混凝土外墙
加厚外保温层
流动空气层
干挂砖幕墙

室内　　　室外

图 4-21　外墙保温横截面

　　外保温的形式可有效形成建筑保温系统,达到较好的保温效果,减少热桥的产生。同时,保温层与外饰面之间的空气层可形成有效的自然通风,以降低空调负荷节约能耗并排除潮气保护保温材料。另外,外饰面有挂件固定,非粘接,无坠落伤人危险。

　　保温材料置于建筑物外墙的外侧,基本上消除建筑物各个部位的"热桥"影响,从而充分发挥了轻质高效保温材料的效能,相对于外墙内保温和夹心保温墙体,它可使用较薄的保温材料,达到较高的节能效果。

(一)外保温墙的作用

1. 保护主体结构

　　置于建筑物外侧的保温层,大大减少了自然界温度、湿度、紫外线等对主体结构的影响。建筑物竖向的热胀冷缩可能引起建筑物内部一些非结构构件的开裂,而外墙采用外保温技术可以降低温度在结构内部产生的应力。

2. 有利于改善室内环境

外保温可以增加室内的热稳定性。在一定程度上阻止了雨水等对墙体的侵蚀，提高了墙体的防潮性能，可避免室内的结露、霉斑等现象，因而创造舒适的室内居住环境。

3. 扩大室内的使用空间

与内保温相比，采用外墙外保温使每户使用面积约增加 $1.3 \sim 1.8 m^2$。

4. 便于丰富外立面

在施工外保温的同时，还可以利用聚苯板做成凹近或凸出墙面的线条，及其他各种形状的装饰物，不仅施工方便，而且丰富了建筑物外立面。

(二)不同外墙保温系统对比

不同外墙保温系统对比如表 4-2 所示。

表 4-2　不同外墙保温系统对比

比较项目	胶粉聚苯颗粒浆科体系	EPS 贴板体系	XPS 贴板体系	聚氨酯硬泡喷涂体系
适用墙体	各种墙体	各种墙体	各种墙体	各种墙体
施工可控性	差	好	好	差
冷热桥效应	无	无	有	无
抗裂性	好	一般	差	好
面层荷载 kg/m^2	≤60	≤20	≤35	≤60
抗风压	无空腔，抗风压能力强	小空腔体系，能满足抗风压要求	小空腔体系，能满足抗风压要求	无空腔，抗风压能力强
导热系数 $w/m \cdot k$	≤0.059	≤0.042	≤0.030	0.025
蓄热系数 $w/m \cdot k$	0.964	0.36	0.36	0.36

比较项目	胶粉聚苯颗粒浆科体系	EPS贴板体系	XPS贴板体系	聚氨酯硬泡喷涂体系
防火性能	难燃B1级	阻燃B1级	阻燃B1级	难自熄性材料
防水性	好	好	好	很好
透气性	好	好	差	一般
抗冲击性	好	差,底层网格布加强	一般	很好
达到相同保温效果造价	50元/m²	70元/m²	90元/m²	120元/m²

二、高效门窗系统与构造技术

外窗保温系统包括以下三个部分(图4-22):断桥铝合金窗框;中空玻璃;窗框与窗洞口连接断桥节点处理技术。

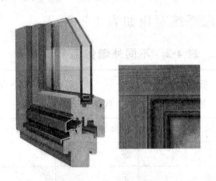

图4-22 外窗保温系统

外窗安装断桥铝合金中空玻璃窗户,同时通过改善窗户制作安装精度、加安密封条等办法,减少空气渗漏和冷风渗透耗热。

采用高性能门窗,玻璃的性能至关重要。高性能玻璃产品比普通中空玻璃的保温隔热性能高出一到数倍,具体如图4-23、表4-3所示。

	塑料门窗	铝合金门窗
性能	▸保温性能和耐化学腐蚀性能好 ▸有良好的气密性能和隔声性 ▸抗风压性能和水密性普遍较低 ▸窗框遮光面积大，热膨胀系数高。 ▸适宜用于寒冷地区，低风压，少雨水，有腐蚀介质或潮湿环境的低层建筑。	▸具有优良抗风压性能，水密性和气密性。尤其是抗风压性能远优于塑料门窗。 ▸在采用断热铝型材和中空玻璃时，其隔声性能与塑料门窗等同。保温性能略低于塑料门窗。 ▸新型的断热铝合金节能门窗传热系数K已从普通铝合金单玻扇的6.4W/（M2.K）下降至3W/（M2.K）

图 4-23　塑料门窗与铝合金门窗

表 4-3　各类玻璃的传热对比

玻璃类型	空气层宽度（mm）	传热系数 k（w/m²h）	传热阻 R（w/m²h）
普通单层玻璃	—	5.9	0.619
普通双层中空玻璃	6	3.4	0.294
	9	3.1	0.3
	12	3	0.333
热反射中空玻璃	6	2.5	0.4
	12	1.8	0.555
三层玻璃中空玻璃	2×9	2.2	0.454
	2×12	1.1	0.467
LOW-E 中空玻璃	12	1.6	0.625

例如，单面镀膜 Low-E 中空玻璃，其导热系数约为 1.7w/m·k，保温隔热性能比普通中空玻璃提高一倍，德国新型的保温节能玻璃 U 值达到 0.5，比普通 900px 砖墙加 150px 聚苯保温层保温效果还好。

三、热桥阻断构造技术

热桥是热量传递的捷径，不但造成相当的冷热量损失，而且会有局部结露现象，特别是在建筑外墙、外窗等系统保温隔热性能大幅度改善之后,问题愈发突出。

因此在设计施工时,应当对诸如窗洞、阳台板、突出圈梁,及构造柱等位置采用一定的保温方式,将其热桥阻断,达到较好的保温节能效果并增加舒适度。

热桥阻断技术在国外已得到广泛的应用,并有不少的成熟产品,如消除阳台楼板冷桥构造,德国已有非常成熟的产品,如"钢筋/绝缘保温材埋件"等。这种产品在施工中埋入混凝土楼板,施工简便,效果非常好(图 4-24)。国内完全有能力开发这类产品,也会有很好的市场反应。

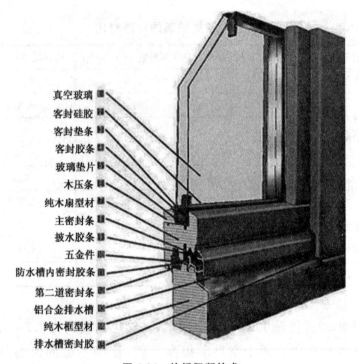

真空玻璃
客封硅胶
客封垫条
客封胶条
玻璃垫片
木压条
纯木扇型材
主密封条
披水胶条
五金件
防水槽内密封胶条
第二道密封条
铝合金排水槽
纯木框型材
排水槽密封胶

图 4-24　热桥阻断技术

四、遮阳系统

(一)外遮阳设施

外遮阳是最有效的遮阳设施,它直接将 80% 的太阳辐射热量遮挡于室外,有效地降低了空调负荷,节约了能量。结合建筑形式,在南向及西向安装一定形式的可调外遮阳,随使用情况进行调节,这样既能满足夏季遮阳的要求,又不影响采光及冬季日照要求。另外,可进一步安装光、温感元件及电动执行机构以实现智能化的全自动控制,在室内无人的情况下也可根据室内外温度及日照强度自动调节遮阳设施,以降低太阳辐射的影响,节约能源。

外遮阳系统中较传统的为卷帘外遮阳系统,在夏天日照强烈的时候将卷帘放下,可以有效遮挡阳光。目前较为先进的是由钢化玻璃(冰花玻璃)构成的外遮阳系统。

1. 外遮阳系统结构(由外向内)

(1)12mm 厚可滑动半透明钢化玻璃推拉遮阳镶嵌板。
(2)空气层。
(3)外墙涂料、保温及结构。
(4)外窗系统。

2. 钢化玻璃与中空玻璃的搭配效益

中空玻璃的特点就是允许日光携带的能量进入室内,但是室内的热量不会发散到室外,这一点对冬天极为有利,夏天则会出现室温过高的问题。

当阳光照射到钢化玻璃表面的磨砂纹路上时会形成漫反射,热量随之被阻挡室外。

钢化玻璃与中空玻璃搭配使夏天绝大部分阳光热量被隔绝在室外,解决日晒的困扰。

从不同玻璃结构和防噪效果示意图(图 4-25)可以看出,冰花玻璃和中空玻璃的配合使用,不仅可以起到很好的遮阳效果,还可以最大限度减弱室外噪音影响。

(二)内遮阳设施

相对于外遮阳,内遮阳设施对太阳辐射的遮挡效果较弱,但对于居住建筑而言,不论从私密性角度还是防眩光角度考虑都是很有用的。同时其对于改善室内舒适度,降低空调负荷及美化室内环境都有一定的作用。

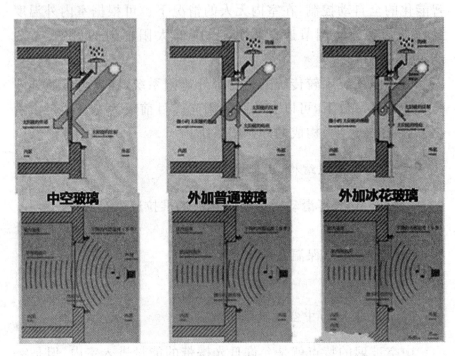

图 4-25　不同玻璃结构这样和防噪效果示意图

五、房屋呼吸系统

(一)住宅生态通风技术与"房屋呼吸"的概念

目前,欧洲采用的住宅动力通风系统主要有两种。一种是门窗＋厨卫排风扇的通风系统(图 4-26)。这一种系统造价便宜,安装简单;缺点是噪声干扰,通风效果不理想。另一种是外墙进风设备＋卫生间出风口＋屋顶排风扇的通风系统。该系统在过滤空气、降低噪声的同时,科学合理地保证了室内通风量,排出卫生间潮湿污浊空气,噪声干扰小。

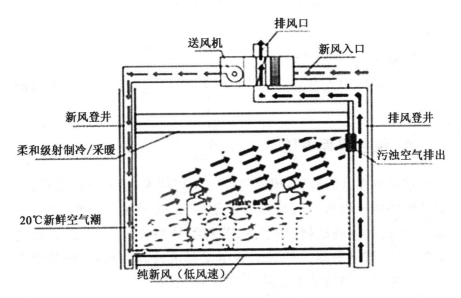

图 4-26　住宅动力通风系统

（二）工作原理和作用

取自高空的新鲜空气,经过滤、除尘、灭菌、加热/降温,加湿/除湿等处理过程,以每秒 0.3m 的低速,从房间底部送风口不间断送出,低于室温 2℃的新风,在地面形成新风潮,层层叠加,缓缓上升,带走室内污浊气体,最后,经由排气孔排出。

有效调节室内空气湿度,使居室时刻保持干爽、舒适的状态,对大连夏季潮湿的空气有很强的除湿作用;不用开窗即可获得新鲜空气,减少室内热损失,节省能源;驱除室内装饰造成的可能长时间存在的有害气体。

（三）新风系统三大原则

原则一:定义通风路径。

新风从空气较洁净区域进入,由污浊出口排出。一般污浊空气从浴室、卫生间及厨房排出,而新鲜空气则从起居室、卧室等区域送入。

原则二:定义通风风量。

以满足人们日常工作、休息时所需的新鲜空气量。按国家通风规范,每人每小时必须保证 30m³。

原则三:定义通风时间。

保证新风的连续性,一年 365 天,一天 24 小时连续不间断通风。

六、绿色屋面系统

在这方面,国外已有成熟的绿色屋面技术,适宜不同条件、不同植物的生长构造。例如在通常条件下,可种植一些易成活、成本低、无需管理的植物,如草类、苔藓类植物(图 4-27);或种植观赏效果好、需定期维护且对土壤厚度要求较高的植物,使其随季节变化形成不同的景观效果。

图 4-27　绿色屋面技术

这一构造,一方面要满足植物生长的不同要求,解决蓄水和通风问题;同时该技术构造必须保证建筑顶部防水层不受植物根系的破坏,从而提高居住的舒适性。

七、屋面雨水系统

虹吸式雨水系统是当今国际上较为先进的屋面排放系统,该系统诞生至今已经有 20 多年的历史,它被广泛应用于各种复杂的屋面工程中。

虹吸式雨水系统是利用不同高度的势能差,使得管道系统内部局部产生真空,从而通过虹吸作用达到快速排放雨水的目的。

八、小区智能化系统

小区智能化系统的"一、二、三":一个平台:小区智能化系统集成管理网络平台。二个基础:控制网络和信息网络。三个分支:安全防范系统、设备管理系统和信息管理系统(图 4-28)。

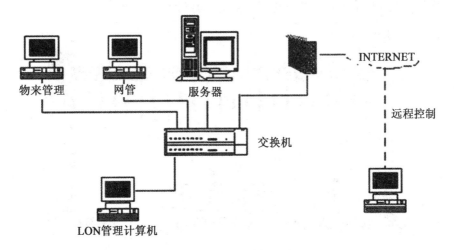

图 4-28 小区智能化系统

住宅小区智能化系统是先进、有发展、有后援,能满足并适应住户需求的技术,其应用成熟可靠,具有易集成、扩展、操作、维修的优点。同时,它本着尽可能降低系统整体造价的原则,通过计算机网络等相关技术,实现各子系统的设备、功能和信息的管理集成。这是一个互相关联、统一和协调的系统,系统资源达到充分共享,以减少资源的浪费和硬件设备的重复投入,实现真正意义的方便、安全、实用、可靠。

九、天棚采暖制冷系统

将高性能工程塑料管铺设在混凝土楼板内,冬天采暖进水水温 33℃,回水 30℃,夏天制冷进水 18℃,回水温度 21℃,通过冷热水的控温,夏天制冷,冬天采暖,室内温度恒定在 20℃~26℃。

冬天楼板会均匀地散发出 28℃到 29℃的热量,室内的温度使人们觉得温暖舒适,人体的温度 30℃左右,所以不会有烘烤的感觉;夏天楼板温度 19℃到 24℃,可以把室内过多的热量带走。

人和环境的热交换方式以辐射形式所占比例最大,并且约一半的热量从头部散发。天棚采暖系统以顶部辐射的形式进行采暖和制冷,比普通方式更健康、舒适、有效(图 4-29)。

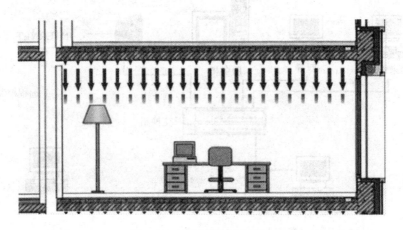

图 4-29　天棚采暖制冷系统

北京万国城采用了此项技术。在进行室内温度测试的时候,离屋顶 0.5m、1.0m、1.5m 的高度温差在 0.2℃~0.3℃,人体一般不易觉察到这个温差,所以低温辐射采暖制冷的方式是目前民用建筑里最舒适的。

天棚采暖制冷系统具有很多优势。

(1)冬夏两用实现采暖和制冷。

(2)系统材料的寿命与建筑寿命一样长久。

(3)不依靠室外机箱,不会破坏建筑外观。

(4)冷热交换的媒质为水,绿色环保。

(5)辐射散发的温度调节方式,无风感、无气流感。

（6）系统自身能自动调节室内温度。

（7）采暖制冷与新风置换系统完全分离，健康而高效。

（8）辐射采暖和制冷效率高，温度均匀。

（9）从上至下的辐射方式更舒适。

（10）不占用室内有效使用面积。

（11）系统设置在顶棚混凝土，不占用室内空间。

（12）辐射温度低于人体皮肤温度，不会有烘烤的感觉。

十、太阳能系统

对太阳能的利用总体上可分为两类：太阳能集热板集热及太阳能光伏发电。太阳能集热板集热技术较为成熟，设备材料价格也不昂贵，应用较为广泛（图 4-30）。

图 4-30　太阳能系统

十一、地源热泵系统

地源耦合热泵机组可作为空调系统，冬季供热，夏季供冷，并同时提供生活热水。它就是利用地下土壤、岩石及地下水温度相对稳定的特性，输入少量的高品位能源（如电能），通过埋藏于地下的管路系统与土壤、岩石及地下水进行热交换：夏季，通过对室内制冷将建筑物内的热量搬运出来,一部分用于提供免费生活用热,其余换热到地下储藏起来;冬季把地下储藏的低品位热能通过热泵搬运出来,实现对建筑物供热及提供生活热水(图 4-31)。

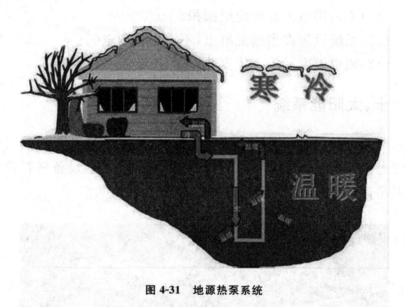

图 4-31 地源热泵系统

地源耦合热泵的能耗很低,仅为常规系统能耗的 25%~35%,它由水循环系统、热交换器、地源热泵机组、空调末端及控制系统组成。

十二、热电冷联产系统

热电冷联产是采用燃煤或燃气产生一次蒸汽,进而利用汽轮机发电,来提供电力,同时充分回收其排放的低品位废热即中高温二次蒸汽及高温烟气来提供生活用热、冬季供暖以及为单效或双效溴化锂制冷机提供动力,夏季供冷,从而实现冷、热、电联产(图 4-32)。

热电冷联产的效率较高,大型火力发电厂实际运行效率只有36%左右,而冷热电联产项目的实际运行效率可达 60%~80%左右。

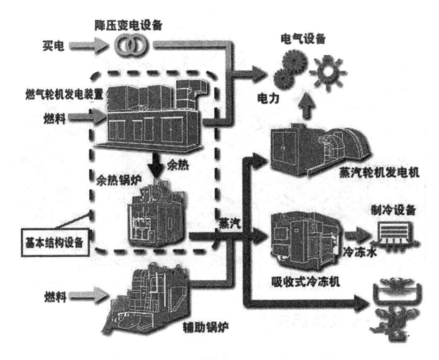

图 4-32　热电冷联产系统

十三、变风量空调系统

变风量系统是由变频中央空调系统配以变风量（VAV）末端设备组成，是一种高舒适度、低能耗的空调系统（图 4-33）。

变风量系统比常规系统具有以下相当多的优点。

（1）系统中的能耗设备均可进行变频调节能量输出，即使在较低负荷的情况下，也能通过变频调节而工作，在较高的效率下，节约大量能源。

（2）系统中各个房间可独立起停及调节温度，并且互不影响，给使用者创造了极高的舒适度。

（3）变频技术在建筑物空调负荷需求发生变化时（如室内人员、室外温度、太阳辐射强度的变化），通过对冷水机组、水泵、风机等设备进行变频调节，降低能量输出，适应负荷需求。其整体节能效果可达到 30％～40％。

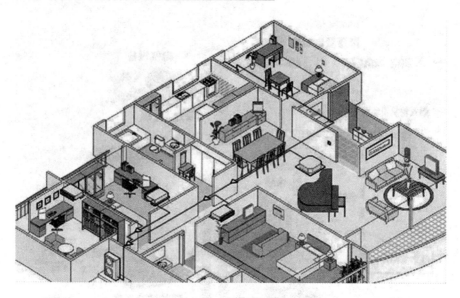

图 4-33 变风量系统

十四、浮筑楼板技术

为解决楼板撞击传声产生的噪音,德国住宅地面普遍采用
"浮筑楼板"构造(Schwimmende Estrich)。即在结构楼板上铺设
一层绝缘隔声材料,上面再浇筑 6～200px 的混凝土沙浆层,这层
楼板好像浮在绝缘层上,与楼板及四周墙体分离,从而达到极好
的隔音效果(图 4-34)。

图 4-34 浮筑楼板技术

十五、中水利用系统

中水处理系统就是将生活废水、冷却水、已达标排放的生产污水等水源,经物化或生化处理,达到国家《生活杂用水水质标准》,然后再回用于厕所冲洗、灌溉草坪、洗车、工业循环水及扫除用水等。充分利用有限的水资源,替换出等量的自来水,又减轻了城市污水处理厂的运行负荷,是利国利民造福后代的善举。

十六、排水噪音处理系统

一般房屋传入室内的噪音有以下几类:(1)室外的噪音,透过外墙和窗户传入室内;(2)楼上活动透过楼板传入楼下室内的噪音;(3)下水管道流水撞击管壁产生的噪音。

解决方案:(1)外遮阳系统和外窗系统可有效阻隔室外噪音;(2)楼板垫层下加隔音垫,防止楼上传入室内的噪音;(3)排水噪音处理系统:同层排水和隔层排水系统。

同层排水系统来源于欧洲,至今已有四五十年的历史,虽然该系统进入中国市场不久,但发展迅速,在北京、上海及广东区域都有较多应用。隔层排水中排水支管穿过楼板,在下层住户的天花板上与立管相连。这里主要介绍同层排水系统。

同层排水:同楼层的排水支管与主排水支管均不穿越楼板,在同楼层内连接到主排水立管上(图4-35)。

(1)系统组成。HDPE管道系统;隐蔽式系统安装组件;与同层排水相配套的卫生器具;存水弯。

(2)同层排水的优势。与传统的隔层排水系统相比,同层排水系统具有下列优势。

隔音:采用墙前安装方式,假墙能起到隔音和增强视觉效果的作用。

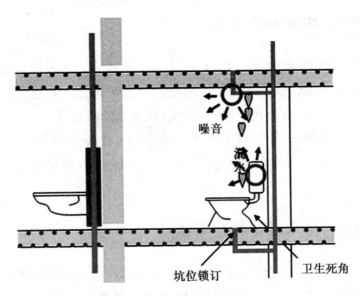

噪音

漏水

坑位锁订

卫生死角

图 4-35 同层排水系统

独立：在卫生间，管道不穿越楼板，享受真正的产权独立，即使维修也无需跨层修理。

自由：房型设计和室内空间布置更加灵活，只需调整排水支管，就可实现个性化装修。

节水：采用内表面光滑的 HDPE 管道及独特的水箱设计，提高了系统的排水效果，实现真正的节水功能。

经济：采用同层排水技术，大大减少系统的力管、支管及配件数量，材料与施工较少，性价比高。

连接可靠：选用的 PE 管道采用热熔连接，不但连接强度高，而且杜绝泄漏问题，保证安全使用 50 年。

十七、中央除尘系统

中央除尘系统的概念就是主机和吸尘区分离，并将过滤后的空气排到室外（图 4-36）。这样不仅解决了室内卫生不良状况，还杜绝了除尘之后的二次污染。

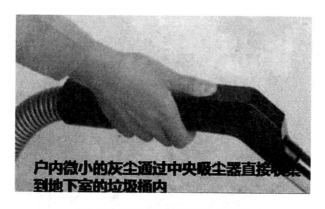

图 4-36 中央除尘系统的工作原理

中央除尘系统是将吸尘主机放置在一个卫生要求较低的场所,如地下设备层、车库、清理间等,将吸尘管道嵌至墙里,在墙外只留如普通电源插座大小的吸尘插口,当需要清理时只需将一根软管插入吸尘口,此时系统自动启动主机开关,全部大小灰尘、纸屑、烟头、有害微生物,甚至客房中的烟味等不良气味,都经过严格密封的管道传送到中央收集站。任何人、任何时间都可以进行全部或局部清洁,确保了最清洁的室内环境。

中央除尘系统的清洁处理能力是一般吸尘器的 5 倍,而软管长度可任意选配。该类系统在欧美国家已是必配系统,在国内已有很多项目在使用。

十八、食物垃圾处理系统

城市垃圾中占有相当大比例的食物垃圾不仅影响室内环境,也是居室虫害滋生源和疾病传播源。

食物垃圾处理系统是一个纯国外引进的产品,在 20 世纪 90 年代初期才由极少数的国外制造商引入中国。

目前北京包括锋尚国际、万科、奥林匹克花园、华新国际、珠江帝景等在内的不少高档精装修房已使用了食物垃圾处理系统。

每天产生的大量食物垃圾通过厨房的洗池排水口下安装的食物垃圾处理器,直接进入化粪池(图 4-37)。

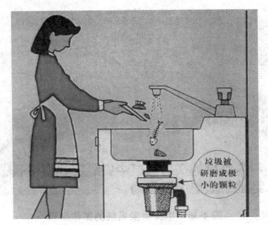

图 4-37 食物垃圾处理系统

第五章　绿色建筑的设计实践

现在都在提倡绿色建筑,国内外著名的绿色建筑有许许多多,例如德国的柏林新国会大厦、澳大利亚的 CH2 绿色办公建筑、法国的第戎艾利西斯绿色办公楼、英国伦敦的贝丁顿零能耗区和市政厅、英国的"伊甸园"工程、清华大学的超低能耗楼、杭州的绿色建筑科技馆、深圳的万科中心、上海建筑科学研究院的绿色建筑工程研究中心办公楼、深圳市建筑科学的研究院办公大楼、上海南市发电厂的主厂房和烟囱改建工程、深圳的南海意仓 3 号楼、上海的世博会最佳实践区"沪上·生态家"以及上海的万科朗润园等等。

第一节　深圳建科大楼绿色建筑技术策略

一、工程项目概况

深圳建科大楼是夏热冬暖地区绿色建筑技术的示范楼,定位为本土、低耗、可推广的,探索低成本和软技术为核心,实现建筑全寿命周期内最大限度节约和高效利用资源的绿色办公大楼。是新技术、新材料、新设备、新工艺的实验基地,生态、能源、环境数据采集楼,建筑技术、艺术的展示基地,绿色建筑技术的科普教育基地。大楼达到了绿色建筑三星级和 LEED 金级的要求,综合节能率达到 65.9%,取得了突出的社会效益。

工程从设计、建造到运营均充分考虑工程所在地的气候特征、周围场地环境和社会经济发展水平,因地制宜地采用本土、低耗的绿色建筑技术,包括节能技术、节水技术、节材技术、室内空气品质控制技术和可再生能源规模化利用技术等。

工程总建筑面积 1.8 万 m^2，共 14 层，其中地上 12 层，地下 2 层。建筑功能包括实验、研发、办公、学术交流、地下停车、休闲及生活辅助设施等。

二、绿色建筑技术的创新性

（一）技术选择与集成

首先，基于气候和场地具体环境，通过建筑体型和布局设计，创造利用自然通风、自然采光、隔音降噪和生态共享的先决条件。其次，基于建筑体型和布局，通过集成选用与气候相宜的本土化、低成本技术，实现自然通风、自然采光、隔热遮阳和生态共享，提供适宜自然环境下的使用条件。最后，集成应用被动式和主动式技术，保障极端自然环境下的使用条件。

1. 基于气候和场地条件的建筑体型与布局设计

基于深圳夏热冬暖的海洋性季风气候和实测的场地地形、声光热环境和空气品质情况，以集成提供自然通风、自然采光、隔声降噪和生态补偿条件为目标，进行建筑体型和布局设计。

（1）"凹"字体型设计与自然通风和采光

深圳市的自然通风对于建筑节能的贡献很大，即使在最热月，深圳市也有三分之一的时间可以利用自然通风满足热舒适需求，而不需要空调，不但节能效果明显，而且能有效改善室内空气环境。建筑设计对自然通风的利用，成为规划设计首要考虑的问题之一。现场测试表明由于受山地和周围建筑的影响，大楼所在地夏季主导风向为东南风，冬季主导风向为东北风。

基于现场风场情况，对多个建筑进行室外风环境模拟分析，结果表明，"凹"字型的平面布局的建筑方案，场地人员活动区域风速基本保持在 5m/s 以下，风力放大系数为 1.85，小于 2。在深圳的气候条件下，相比较"口"字型的传统矩形平面，"凹"字型的平面能提供更多的直接接触室外的外墙,能让更多的人有机会坐到临近窗口的位置,享受自然的光线和通风。"凹"字型的凹口旋转朝向东南向,迎着深圳地区的常年主导风——东南风,并且前后两个空间微微错开,进一步加强了室内形成"穿堂风"的效果(图5-1)。因此最终确定采用此方案。

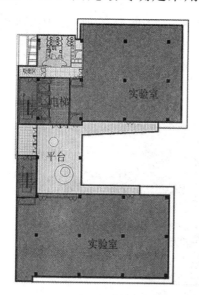

图5-1　"凹"字型平面及体型设计

通过风环境和光环境仿真对比分析,建筑体型采用"凹"字型。凹口面向夏季主导风向,背向冬季主导风向,同时合理控制开间和进深,为自然通风和采光创造基本条件。同时,前后两个空间稍微错开,进一步增强夏季通风能力(图5-2)。

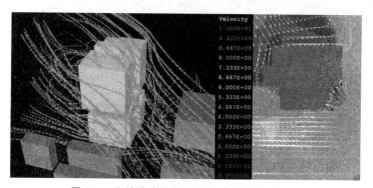

图5-2　室外流线图与人员活动高度风速场图

(2)垂直布局设计与交通组织和环境品质

大楼结合功能区使用性质及其对环境的互动需求进行垂直布局设计,以获得合理的交通组织和适宜的环境品质。采用三维立体分区的方法,将不同的功能立体叠加起来,根据各功能不同的使用性质、空间需求和相互之间的流线关系,分别将其安排在不同的竖向空间体块中。中低层主要布置为交流互动空间以便于交通组织,中高层主要布置为办公空间,以获得良好的风、光、声、热环境和景观视野,充分利用和分享外部自然环境,增大人与自然接触面(图 5-3)。

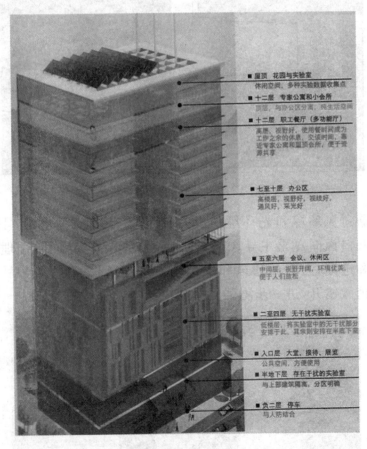

图 5-3　垂直分区图

（3）平面布局设计与隔热、采光和空气品质

结合朝向和风向进行平面布局设计，以获得良好的采光、隔热效果及空气品质。大楼东侧及南侧日照好，同时处于上风向，布置为办公等主要使用空间；大楼西侧日晒影响室内热舒适性，因此尽量布置为电梯间、楼梯间、洗手间等辅助空间，其中洗手间及吸烟区布置于下风向的西北侧。西侧的辅助房间对主要使用空间构成天然的"功能遮阳"（图5-4）。

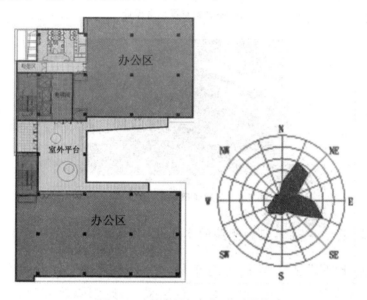

图 5-4 建筑布局与朝向、场地风向

（4）架空绿化设计与城市自然通风和生态补偿

为使大楼与周围环境协调及与社区共享，首层、六层、屋顶均设计为架空绿化层，最大限度对场地进行生态补偿。首层开放式接待大厅和架空人工湿地花园实现了与周边环境的融合和对社区人文的关怀。架空设计不仅可营造花园式的良好环境，还可为城市自然通风提供廊道（图5-5）。

（5）开放式空间设计与空间高效利用

结合"凹"字型布局和架空绿化层设计，设置开放式交流平台，灵活用作会议、娱乐、休闲等功能场所，以最大限度利用建筑空间（图5-6）。

图 5-5　架空绿化层设计

图 5-6　各层通风休闲(会议)平台

2. 基于建筑体型和布局的本土化、低成本被动技术应用集成

基于"凹"字体型和功能布局,集成选用与气候相宜的本土化、低成本技术,实现自然通风、自然采光、遮阳隔热和生态补偿。

(1)室内自然通风控制技术

突破传统开窗通风方式,建筑采用合理的开窗、开墙、格栅围护等开启方式,实现良好的自然通风效果。

建科大楼项目充分利用深圳亚热带海洋性气候,以及优越的风资源,以数字模拟设计手段,通过优化建筑布局、朝向、开窗形式、内部平面及割断设计、阳台设计等,最大限度利用自然通风实现室内舒适性和节能目的,并精细化统计分析自然通风利用时段,以此来控制空调系统的启停和运行时段,大大减少了空调运行时间。

①开窗形式的对比

适宜的开窗方式设计:根据室内外通风模拟分析,结合不同空间环境需求,选取合理的窗户形式、开窗面积和开启位置。

本项目选取了中悬窗、上悬窗、下悬窗、平开窗和推拉窗进行对比分析,主要办公空间选择中悬窗,其他空间根据空间特点选择上悬或平开窗(图5-7)。

图5-7　适宜的开窗方式设计

②大楼外窗可开启方式的确定

由于基地常年主要为主导风东南风和峡谷风东北风,风速比较大,本大楼利用自然通风的条件优越,为进一步提高室内通风效果,则根据不同立面风压分布选择不同的开窗方式。

适宜的多开敞面设计:建筑大量采用多开敞面设计,如报告厅可开启外墙、消防楼梯间格栅围护和开放平台等。报告厅可开启外墙可全部打开,可与西面开敞楼梯间形成良好的穿堂通风,也可根据需要任意调整开启角度,获得所需的通风效果。当天气凉爽时可充分利用室外新风作自然冷源,当天气酷热或寒冷时可关小或关闭(图5-8)。

图5-8　适宜的多开敞面设计

(2)大楼为降低城市的热岛效应做出了贡献(图5-9、5-10、5-11)

图 5-9　室外场地绿化及底层架空　　　　图 5-10　六层空中花园

图 5-11　屋顶菜地和花园

①采用高透水性与高保水性、低日照反射率的路面铺装材料；确保地面铺装被建筑或高大乔木的阴影覆盖，覆盖率超过 50%。

②设置露天水体，在大楼首层东侧设置喷泉水池，在架空层及南侧布置人工湿地，并连同架空层有效降低小区域温度，创造乘凉场所。

③采用非常规能源以减少排热，如以太阳能、风能替代常规能源。

④屋顶构架采用日照反射率高的材料，如光电板和浅色的涂料。玻璃采用对热能反射性能高的 Low-E 玻璃。

⑤建筑布局充分考虑室外场地自然通风。

⑥利用雨水、中水对建筑物暴露的地面洒水。

⑦建筑外立面立体绿化,结合西向遮阳设计爬藤类植物,各层设置花坛绿化。

(二)室内热湿环境控制与改善技术

1. 室内光环境优化保障技术

大楼设计阶段利用数字模拟技术优化建筑布局、外窗形式、遮阳设计,以及采光井和导光管应用等措施,实现室内及地下室的自然采光。并且大楼照明系统根据各个房间或空间的自然采光设计采用不同的灯具选择、灯具排列方式和控制方式,实现了自然采光和照明系统的结合,大大减少了照明用电,有效改善室内光环境的同时,还达到了节能的目的。

"凹"字体型使建筑进深控制在合适的尺度,提高室内可利用自然采光区域比例之外,大楼还利用立面窗户形式设计、反光遮阳板、光导管和天井等措施增强自然采光效果。

(1)适宜的窗洞设计

对于实验和展示区等一般需要人工控制室内环境的功能区,采用较小窗墙比的深凹窗洞设计,有利于屏蔽外界日照和温差变化对室内的影响,降低空调能耗。对于可充分利用自然条件的办公空间,采用较大窗墙比的带形连续窗户设计,以充分利用自然采光(图 5-12、5-13)。

图5-12　展示及实验空间深凹窗设计(左:整体视角,右:局部放大)

图 5-13　办公空间连续条形窗设计(左:外立面视角,右:室内视角)

(2)遮阳反光板+内遮阳设计

七层及以上楼层的约 2.5m 高处设置了遮阳反光板(外挑 600mm,内挑 400mm),在适度降低临窗过高照度的同时,将多余的日光通过反光板和浅色顶棚反射向纵深区域。模拟计算表明增加反光板后,约 80% 的办公区域工作面照度大于 300lx,比无反光板增加 20%,同时照度也变得更均匀(图 5-14)。通过在局部楼层外窗内外均设计反光板,不仅提高外窗遮阳性能,在适度降低临窗过高照度的同时,将多余的日光通过反光板和浅色顶棚反射向纵深区域,增加采光进深,提高采光均匀度 30% 以上。

图 5-14　反光遮阳板实景(左:外立面视角,右:室内视角)

(3)外窗遮阳

外窗均采用遮阳系数 0.35 的中空 Low-E 玻璃铝合金窗。并采用带活动百叶的中空玻璃窗,当室外为晴天时,为避免眩光的影响,可通过调节活动百叶来调节室内照度分布。

(4)内部隔断设计

大楼平面布局上,部分内区采光差或外窗偏少的房间,利用玻璃隔断达到加强室内自然采光的效果。

(5)光导管及采光井设计

利用适宜的被动技术将自然采光延伸到地下室,设置光导管和玻璃采光井(顶)(图 5-15～5-17)。

图 5-15　光导管(地面)及地下车库坡道光导管采光(地下一层)

图 5-16　下沉庭院自然采光　　图 5-17　下沉庭院玻璃顶自然采光

2. 建筑室内热湿环境控制与改善技术

南方地区太阳辐射大、传热温差小的特点决定了大楼在围护结构方面的节能重点措施为窗户遮阳和屋顶隔热。

(1)遮阳设计

建科大楼遮阳采取窗户自遮阳、功能遮阳、光电幕墙遮阳、光电板遮阳及格栅遮阳等复合的遮阳形式。

窗户自遮阳:外窗均采用遮阳系数 0.40 以下的中空 Low-E 玻璃铝合金窗。

功能遮阳:建科大楼功能布局设计将楼梯间、电梯、卫生间等非主要房间放在大楼西部,尽可能地为大楼的办公区等主要空间构成天然的"功能遮阳"(图 5-18)。

　(a)光电幕墙遮阳　　　　(b)光电板遮阳　　　　(c)绿化格栅遮阳

图 5-18　遮阳

光电幕墙遮阳:针对夏季太阳西晒强烈的特点,在大楼的西立面和部分南立面设置了光电幕墙,既可发电又可作为遮阳设施减少西晒辐射得热,提高西面房间热舒适度;幕墙背面聚集的多余热量利用通道的热压被抽向高空排放。

光电板遮阳:大楼南侧设置光电板遮阳构件,在发电的同时,还起遮阳作用。

绿化格栅遮阳:大楼每层均种植了攀岩植物进行垂直绿化,既具景观效果,又具遮阳隔热作用。

(2)屋顶隔热设计

屋顶采用传热系数低于 $0.8W/(m^2 \cdot K)$ 的 30mm 厚 XPS 倒置式隔热构造。同时屋面设置为免浇水屋顶花园,上方设有太阳能花架遮阳,光伏发电的同时具有遮阳隔热的作用(图 5-19)。同时采用多种绿化方式,主要有以下几种。

屋顶绿化:屋面设置为免浇水屋顶花园,上方设有太阳能花架遮阳,光伏发电的同时具有遮阳隔热的作用。

架空层绿化:建筑首层、中部和屋顶所设计的架空层均采用绿化措施,在最大程度实现生态补偿的同时,尽量改善周边热环境。

垂直绿化:大楼每层均种植攀岩植物,包括:中部楼梯间采用垂直遮阳格栅,北侧楼梯间和平台组合种植垂吊的绿化。在改善大楼景观的同时,进一步强化了遮阳隔热的作用。

图 5-19 屋顶隔热及屋顶花园、花架

（3）外墙保温

在外墙的保温方面,建科大楼采用自主研发的自隔热保温复合墙体,同时主体部分采用创新的外挂式挤塑水泥纤维板＋内保温技术,局部采用光电幕墙与其他实验性质的墙体结构。

（三）主动技术与被动技术的集成应用

1. 概述

作为被动式技术的补充,集成采用高效的主动式技术。如自然通风与空调技术结合,自然采光与照明技术结合,可再生能源与建筑一体化,绿化景观与水处理结合等（图 5-20）。

（1）面向时间空间使用特性、作为自然通风补充的空调技术

利用自然通风等被动技术,在尽量将空调负荷减到最低、空调时间减到最短后,设置空调系统以满足天气酷热时的热舒适需求。

图 5-20　湿地十水景水作空调冷却水

空调系统设计：摒弃惯用的集中式中央空调，根据房间使用功能和使用时间需求差异，划分空调分区并选用适宜的空调形式，实现按需开启、灵活调节。为空调系统的节能高效运行提供基础条件。

空调系统运行控制：与自然通风密切结合，对室内外温湿度进行监测，优先采用自然通风降温，仅当自然通风无法独立承担室内热湿负荷时，才启动空调系统（图 5-21）。

图 5-21　温湿度独立控制空调

(2)面向时间空间使用特性、作为自然采光补充的照明技术

照明系统设计：根据各房间或空间室内布局设计、自然采光设计和使用特性，进行节能灯具类型、灯具排列方式和控制方式的选择和设计（图 5-22）。

照明系统控制：与自然采光密切结合，仅当自然采光无法满足光照条件要求时，按需开启人工照明系统。

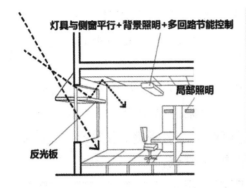

图 5-22 照明设计与自然采光相结合

（3）与建筑一体化的可再生能源利用技术

为了避免可再生能源利用技术的简单拼凑，大楼采用可再生能源利用与建筑一体化技术（图 5-23、5-24）。

图 5-23 与建筑一体化的可再生能源系统

图 5-24 屋顶太阳能光热系统

创新的高层太阳能热水解决方案。大楼太阳能热水系统采用了集中-分散式系统用于满足员工洗浴间热水需求，以鼓励员工绿色交通出行。

规模化太阳能光电集成利用。多点应用，大楼在屋面、西立面、南立面均结合功能需求设置了太阳能光伏系统。多类型应用，多种光伏系统分回路并用，以便于对比研究，由单晶硅、多晶硅、HIT光伏、透光型非晶硅光伏组件组成。

光伏发电与隔热遮阳集成应用。南面光伏板与遮阳反光板集成，屋顶光伏组件与花架集成，西面光伏幕墙与通风通道集成，发电同时起到遮阳隔热作用。

（4）与绿化景观结合的水资源利用技术

设置中水、雨水、人工湿地与环艺集成系统。将生活污水经化粪池处理后的上清液经生态人工湿地处理后的达标中水供应卫生间冲厕，楼层绿化浇洒用水；将屋顶及场地雨水经滤水层过滤后的雨收集水，经生态人工湿地处理后达标水供应一层室外绿化浇洒；旱季雨水不足时，由中水系统提供道路冲洗及景观水池补水用水，以减少市政用水量（图5-25～5-27）。

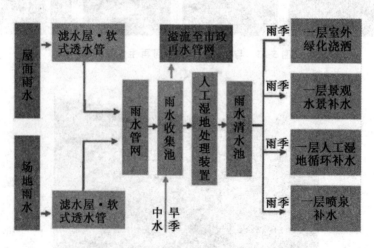

图5-25　中水、雨水、人工湿地与环艺集成系统

图 5-26 人工湿地（左：处理中水，右：处理雨水）

图 5-27 室外及空中花园水景雨水调储池

（5）风力发电

在建科大楼屋顶安装微风启动风力发电机，示范性利用屋顶风能资源，同时可供参观、科普学习。

2. 节水与水资源利用

项目周边无再生水厂，再生水源采用本栋楼的生活污水及雨水回收的雨水。大楼具有较稳定的生活污水量，具有足够的中水原水，生活污水经化粪池处理后的上清液经生态人工湿地处理后的达标中水供应卫生间冲厕，楼层绿化浇洒用水，对本工程屋顶及场地雨水经滤水层过滤后的雨水收集，经生态人工湿地处理后达标水供应一层室外绿化浇洒、道路冲洗及景观水池补水用水，旱季时，雨水不足时由中水系统进行补充以减少市政用水量。

（1）中水回用技术

因人工湿地具有投资成本及运行费用低、较强的绿化观赏性等特点，本工程结合环艺设置中水人工湿地处理系统，采用湿地预处理＋湿地处理的生态中水处理工艺，大楼南侧设置 185m² 垂直流人工湿地，其处理能力 55m³/d，每日可提供中水量 50m³，非传统水源利用率 43.52％。实际运行过程中非传统水利用率达52％，高于国家《绿色建筑评价标准》中非传统水利用率的最高标准 40％。

（2）雨水回收利用技术

根据《建筑与小区雨水利用工程技术规范》规定，雨水储存池容量按集水面积重现期 1～2 年的场地开发后日雨水设计径流量减去场地开发前外排流量来确定。

本工程室外绿化浇洒、景观补水日用水量约为 36.60m³/d，雨水调储容量可提供室外绿化浇洒、喷泉、人工湿地补水、水景蒸发等 10 天左右用水需求。

（3）节水器具与设备的应用

节水器具方面，项目中所有的用水器具均采用节水、省水型产品。如无水小便斗、节水便器、龙头、淋浴器等。主要给水阀门处均设置节水装置。

直饮水方面，本工程直饮水以市政给水为水源，经过深度处理制备而成。为保证直饮水系统的水质，直饮水系统设置循环管道，以避免水流滞留影响水质，同时直饮水及其循环回水采用紫外线消毒进行消毒灭菌处理。

3. 节地与节材

（1）空间利用

为求节地，设计在有限的用地上采用立体化、多功能、多适应性的原则。

首先充分利用地下空间，建设两层综合功能地下室。平时用于设备机房、停车库，同时结合空间的自然采光通风设计和下沉庭院、水池空间的营造,满足作为特殊实验室、仓储等功能的需要。建筑功能方面注重复合功能设计,并在层高、水电等设备准备、结构荷载等方面充分考虑未来可能的需求,增强空间的适应性,提高利用效率,在有限的面积中实现更多的功能,同时一定程度上化解未来不可预知功能对新的土地和空间的需求压力。

首层空间设计架空活动交流空间,可兼作接待展示大厅,配合临近的人工湿地实现立体展览空间的功能需求。报告厅可用移动墙体设计,实现学术报告、交流座谈、文艺演出、影视放映、培训学习等多种功能对空间的需要。

架空绿化交流平台设置网络、水电接口,实现空中实验场地的灵活布置。办公楼大层高和较大荷载设计,为未来可能的功能需求留下足够的灵活适应可能。增强建筑适应未可知功能需求的能力,延长建筑使用寿命。

同时充分利用地下空间,设计有两层地下室,地下室原则上为设备用房和停车库,其中地下二层按局部立体机械停车考虑。

(2)材料资源节约利用

①结构用材选择

结构设计采用高强度混凝土和钢筋,节约材料用量。本工程钢筋采用 HRB400 级高强度钢筋和 C50 高性能混凝土。

②建筑结构体系

本工程高度超过高规 4.2.2 条的框架结构适用高度(55m),通过增加部分剪力墙后,采用框架结构体系。结构类型方面,考虑到钢筋混凝土结构经济性明显优于钢与混凝土组合梁结构,钢管混凝土柱加组合楼板主要适用于超高层建筑(如赛格广场)和大跨度结构(如桥梁结构),本项目结构布置规整,柱距不大,跨度经济,不能充分发挥组合结构的优势,所以本项目选用经济实用的钢筋混凝土框架结构。但为体现和应用可再生材料在绿色建筑中的应用,本楼需增加的夹层均使用组合结构。在五层由于报告厅功能需要,拔掉两根柱,并采用桁架转换。

③土建装修一体化施工

项目遵循节材设计理念,进行土建装修一体化设计施工。所有应用材料均以满足功能需要为目的,将不必要的装饰性材料消耗减到最低。充分发挥各种材料自身的装饰和功能效果。如办公空间取消传统的吊顶设计,采用暴露式顶部,地面采用磨光水泥地面,设备管线水平、垂直布置均暴露安装,减少维护用材的同时方便更换检修,避免二次破坏的材料浪费。专家公寓采用整体卫生间设计,利用产业化生产标准部件,提高制造环节的材料利用效率,达到节约用材的目的。

④可循环再生材料

可再循环材料包括:金属材料(钢材、铜)、玻璃、铝合金型材、石膏制品、木材等。5 层桁架转换使用的钢筋、空调、消防、给排水等都采用金属材料,还有外立面采用的中空玻璃都属于可再循环材料,初步估计,可再循环材料使用重量占所用建筑材料总重量的 10% 以上。

⑤建筑废弃物回收利用

施工过程严格按照绿色施工要求,对建筑主体中所使用的原始材料、可循环利用材料进行分类、列表统计,回收利用废弃物。

4. 垃圾分类收集与处理

设置专门的垃圾分类收集房间,对资源进行分类收集,以利于实现循环利用。垃圾的分类收集和处理利用是垃圾减量化和资源化处置最为简便有效的方法。办公建筑的主要垃圾种类为纸类、塑料等,均被视为可直接回收利用的资源。

(四)技术集成综合实施效果

1. 总体技术水平

工程于 2009 年 3 月竣工投入使用,是全国第一个通过双百工程验收的三星级绿色建筑,是"十一五"国家科技支撑计划项目南方地区绿色建筑集成平台,总体技术水平达到国内领先。

(1)低成本

本工程建造过程综合应用低成本、高效率、本土化绿色建筑技术,使工程造价低至 4 300 元/m^2,低于深圳市类似办公建筑的平均造价,解决了绿色建筑高成本问题。

(2)高品质

合理布局与灵活隔断创造了高效的室内空间,架空绿化构建成环境优美的交流互动平台,适宜的环境控制手段营造了良好的室内环境。员工满意度调查结果表明,95%的员工认为大楼的办公环境较舒适,他们的工作效率较高。

(3)高效益

自然通风和遮阳节省空调能耗,自然采光节约照明能耗,节水器具与再生水利用节约水资源,垃圾分类回收减少废弃物排放量。运行数据表明工程年节约用电约 120 万度,节约用水 5 583 吨,减排 CO_2 1 197 吨,节约运行费用约 122 万元。在节约资源、节约能源及减少排放的同时,还能收到良好的经济效益。

2. 主要创新特色

项目以本土低耗的技术,解决当前夏热冬暖地区绿色建筑高科技、高成本的难题,纠正社会对绿色建筑的片面认识,提升社会各界的绿色理念水平。主要创新特色如下。

(1)建设理念创新:全面倡导共享设计、建造与运营

关系人共同参与设计、建造和运营,体现权利和资源的共享,实现建筑本身为共享提供平台的目的,使大楼成为融合了"本土化、低成本、低消耗、可推广"理念的绿色办公建筑。

(2)设计方法创新:技术、环境、人文充分融合

采用自行开发的管理工具,基于各类人群感受和环境的影响分析,进行绿色建筑策划;基于实地检测数据进行数值模拟仿真

分析,进行建筑、声、光、热、气流组织、交通组织方案设计;采用三维仿真协同设计方法,实现多专业协调配合。

(3)多维度技术策略创新:被动集成技术为主,主动高新技术为辅

摒弃高尖技术冷拼,集成华南地区"本土化、低消耗、低成本"的绿色建筑技术体系。首先,基于气候和场地具体环境,通过建筑体型和布局设计,创造利用自然通风、自然采光、隔音降噪和生态共享的先决条件。其次,基于建筑体型和布局,通过集成选用与气候相宜的本土化、低成本技术,实现自然通风、自然采光、隔热遮阳和生态共享,提供适宜自然环境下的使用条件。最后,集成应用被动式和主动式技术,保障极端自然环境下的使用条件。

(4)宣传推广模式创新:全方位、多层次成果扩散

宣传平台创新:大楼除设置深圳市绿色建筑展厅外,还成为全国绿色建筑科普教育基地、博士后创新实践基地和深圳市福田区大学生实习基地。宣传手段创新:从设计阶段开始通过国内外展会、新闻媒体、举办建科大讲堂、设立市民开放日、来访参观交流等手段进行宣传推广。宣传范围创新:利用建科大讲堂等平台为政府机构、协会组织、技术人员、学生和普通市民提供科普和宣传。

3. 实施效果保障

大楼由建设单位自主设计并全过程监督建造,于 2009 年 3 月底竣工,从 2009 年 4 月起投入使用。从场地规划——建筑设计——施工——运营管理各个环节,环环紧扣,实施效果得到以下保障。

(1)基于场地环境进行规划设计

对场地进行环境监测,结合周围建筑物低矮的情况,进行建筑朝向规划与建筑风格定位,确保被动式技术实施的前提条件。

（2）基于规划方案进行建筑及设备系统设计

结合朝向和风向进行建筑平面与垂直空间布局，设计合适的开间与进深，选用合适的绿色产品和灵活高效的设备系统，保障空间的高效利用、交通组织便利、能源资源的节约和环境品质的控制。

（3）基于建筑及设备系统设计制定绿色施工方案

采用设置围挡、铺设碎石、设置洗车台位、场地硬化、设置雨污系统并作沉淀过滤、设置降噪安全网、施工垃圾分类收集回收利用等一系列措施，保证建设过程不对周围环境造成水土污染、光污染、噪音污染、扬尘污染等。

（4）基于建筑本体、设备系统及使用人员需求进行运营维护

针对大楼的用能特点和环境控制需求，集成开发了建科大楼能耗分项计量和环境监控系统，并进行绿色运维研究，建立了适宜本大楼的物业管理制度和措施，保证实现良好的运营管理。

4. 经济、社会和环境效益

大楼于 2009 年 3 月底竣工，从 2009 年 4 月起投入使用至今，实际运行监测数据表明项目的创新带来了良好的经济、环境和社会效益。

（1）经济效益

节能量：与同类办公建筑分项能耗水平比较，本工程空调能耗比同类建筑低 65%，照明能耗比同类建筑低 63%；与同类办公建筑平均能耗水平相比，本工程建筑总能耗比同类建筑低 64%；光伏系统年发电 6.6 万度，占大楼全年用电比例约 5%，远高于《绿色建筑评价标准》GB/T50378 优选项 2% 的要求。大楼每年可节约常规电能约 120 万度（图 5-28）。

节水量：中水回用和雨水收集利用，使非传统水利用率达49%，远高于《绿色建筑评价标准》GB/T50378 中非传统水利用率的最高标准 40%，年节约用水量约 5 583 吨（图 5-29）。

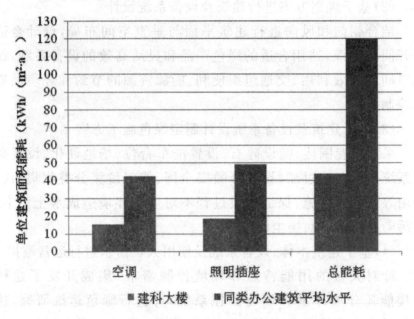

图 5-28 建科大楼与同类办公建筑平均能耗比较

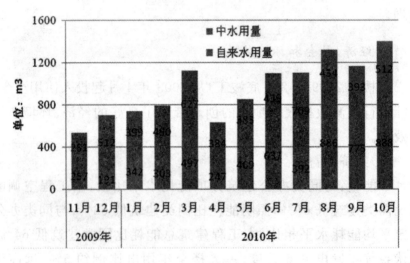

图 5-29 2009 年 11 月～2010 年 10 月建科大楼逐月用水量

节省运行费用:按商业用电平均 1.0 元/度计算,大楼全年可节约电费约 120 万元;按中水系统运行费用约 0.3 元/吨左右,自来水价 2.95 元/吨,污水处理费用 1.2 元/吨计算,每年节约费用 2 万余元。项目合计全年可节约运行费用约 122 万元。

（2）环境效益

本工程可节约常规电能约 120 万度/年,折合标煤 450 吨/年,减排 CO_2 1 197 吨/年;中水回用系统每年节约用水量为 5 583 吨/年,即每年使污水排放量约减少 5 583 吨/年。

（3）社会效益

本工程竣工后成为了深圳市绿色建筑宣传教育推广基地,自投入使用以来,为省建设厅、市住建局、市规土委等政府机构及市监理协会等单位在绿色建筑、循环经济、建筑节能等领域进行了近 20 次培训,累计人数达到 5 000 人次;仅 2009 年,面向各相关企业开展培训 4 次、培训人次达 336 人次、培训总学时 2 016 小时;面向全社会成功举办建科大讲堂 5 次,邀请国际国内专家进行了近 20 场技术讲座与培训,培训总人数超过 1 500 人次。并成功召开"双百"示范工程绿色建筑技术交流及项目管理要求会议,参会人员超过 200 人次。

通过绿色建筑展示、培训、研讨和参观交流等活动,使绿色建筑核心理念得到很好地宣传,基于本工程探索形成的华南地区绿色建筑技术体系,在深圳市和夏热冬暖地区其它项目中已经开始推广应用,很多实施项目获得了各种国内外的绿色建筑设计奖项。

5. 推广应用价值

本工程是深圳地区首个集成应用低成本、高效率、本土化绿色建筑技术建设的绿色建筑成功范例,其推广应用价值具体表现在以下几个方面。

（1）技术价值

本工程是华南地区绿色建筑技术集成平台,是应用示范平台,也是应用研究平台。一方面作为应用示范平台,其成功经验可推广至其他项目;另一方面作为应用研究平台,其设计、建造和使用过程也是试验研究过程,其所采用的方法和技术将被实践检验、改进和革新,对推动华南地区绿色建筑技术的进步有巨大的参考价值。

（2）产业价值

绿色建筑技术的成功集成和应用，必将带动绿色建筑产业链的发展甚至革新，包括绿色建筑设计咨询行业、绿色建筑材料研发生产行业、绿色建筑设备研发生产行业、绿色建筑建造行业等。

（3）社会价值

工程所用技术均设置有展示功能，同时设置有深圳市绿色建筑展厅，集办公与科研、科普、教育、宣传功能于一体，可对绿色建筑技术体系进行持续且广泛的宣传。这对于纠正社会各界对绿色建筑的认识误区，引导正确的绿色建筑理念和绿色生活理念，促进社会经济可持续发展有巨大的社会意义。

第二节　上海申都大厦项目实例分析

一、项目概况

申都大厦原是建于 1975 年的上海围巾五厂的混凝土框架结构 3 层厂房，1995 年由上海建筑设计研究院改造设计成带半地下室的六层办公楼。历经 30 余年的申都大楼立面破旧，内部空间拥挤，采光不足，已不能满足现代办公的需求。基于世博的机遇，西藏南路拓宽工程，东面居民楼拆除，该楼已成沿街建筑。由于环境变化带来的机遇和房屋本身的原因，需重新定位进行旧房改造。

申都大厦改造工程基于绿色建筑评价标准三星级的要求，将绿色概念贯穿于建筑的整个生命周期当中。采用的主要改造技术有：自然采光、自然通风、建筑遮阳、垂直绿化、屋顶绿化、阻尼支撑加固、雨水回用、空气热回收技术、节能照明灯具以及智能照明控制系统、太阳能光伏发电系统、真空管太阳能热水系统、能效智能监管系统等。

　　改造后的项目地下一层,地上六层,地上面积为 6 231m²,地下面积为 1 070m²,建筑高度为 23.75m,地下一层主要功能空间有车库、空调机房、信息机房、水机房等辅助设备用房,地上一层为大堂、餐厅、展厅、厨房及辅助用房,地上二层至六层主要为办公空间以及辅助空间,改造后的实景(图 5-30)。

图 5-30　申都大厦改造前后实景

　　申都大厦周边环境复杂、东面临西藏南路主干道,对办公建筑的视线和噪音干扰严重,有变电箱紧贴其主入口;北面相邻社区服务中心,南面和西面相邻老式多层居民住宅楼,直视居民生活,诸如卫生间、厨房等后勤隐私面。

　　明确建筑南立面区域为改造重点,受条件限制的北、西立面延续原有建筑的场所记忆为特点。通过观测、软件模拟等方法,分析通风、采光、噪音等条件,通过"退""立""破""遮"等设计手法,将建筑全周期对于周边环境的不良影响因素降至最低,区域绿化处理有"破墙现绿""退墙筑绿""平屋铺绿"等创新方法,突出"健康、适用和高效"的空间特点。

　　建筑呈 L 型,建筑的东北侧东西进深和西南侧南北进深较大,接近 20m,朝向大致为南北向,体形系数值为 0.23。围护体系按照公共建筑节能设计标准进行了改善节能改造,屋面采用了种植屋面、平屋面、金属屋面等形式,外墙采用了内外保温的节能措施,玻璃门窗综合考虑保温隔热、遮阳和采光等因素,采用了高透性断热铝合金低辐射中空玻璃窗等(图 5-31)。

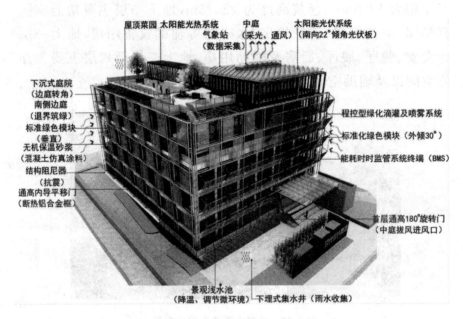

图 5-31　生态改造系统图

二、建筑节能设计技术

(一)围护结构节能技术

项目整体呈 L 型,东北侧东西进深达到 17m,西南侧南北进深达到 19m,建筑朝向南偏东 10°,体形系数 0.23。窗墙比为东向:0.67;南向:0.66;西向:0.08;北向:0.33。

围护结构按照公共建筑节能设计标准进行节能改造,外墙采用了内外保温形式,保温材料为无机保温砂浆(内外各 35mm 厚),平均传热系数达到 $0.85W/(m^2 \cdot K)$。

屋面采用了种植屋面、平屋面、金属屋面几种形式,保温材料包括离心玻璃棉(80/100mm 厚)、酚醛复合板(80mm 厚),平均传热系数达到 $0.48 W/(m^2 \cdot K)$。

玻璃门窗综合考了保温隔热遮阳和采光的因素,采用了高透性断热铝合金低辐射中空玻璃窗（6＋12A＋6 遮阳型），传热系数 2.00W/m² · K，综合遮阳系数 0.594，玻璃透过率达到 0.7。

（二）被动式节能技术

项目充分利用了被动式节能技术，包括自然通风、自然采光、建筑遮阳等技术措施。

1. 自然通风

申都大厦位于市区密集建筑中，与周围建筑间距较小，虽然申都大厦存在众多不利的自然条件，但建筑设计从方案伊始即提出了多种利于自然通风的设计措施，如中庭设计、开窗设计、天窗设计、室外垂直遮阳倾斜角度等措施（图 5-32）。

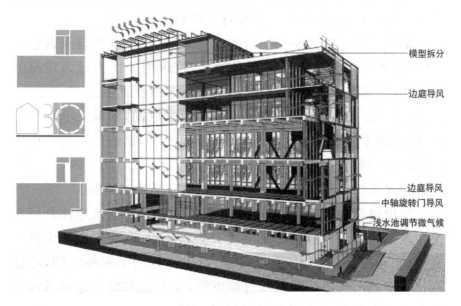

模型拆分

边庭导风

边庭导风
中轴旋转门导风
浅水池调节微气候

图 5-32 被动式自然通风系统分析

中庭设计：设置中庭，直通 6 层屋顶天窗，中庭总高度 29.4m，开洞面积为 23m²，通风竖井高出屋面 1.8m，即高出屋面的高度与中庭开口面积当量直径比为 0.33。

开窗设计：采取移动玻璃门等措施，增加东立面、南立面的可开启面积,因为上海地区的过渡季主导风向多为东南风向,增大两侧的开窗面积有利于通风。外窗可开启面积比例为 39.35%。

天窗设计:天窗挑高设计,增加热压拔风,开窗位置朝北,处于负压区利于拔风,开窗面积为 $12m^2$,开启方式为上旋窗。

室外垂直遮阳设计:东向遮阳板(为垂直绿化遮阳板)向外倾斜,倾斜角度为 30°,起到导风作用。

2. 自然采光

改造既有建筑门窗洞口形式:本次改造一改传统开窗形式,在建筑主要功能空间外侧开启落地窗,而仅仅在建筑的机房、卫生间以及既有建筑北侧设置传统门窗。改造后的建筑结合改造功能定位,恰当的将室外光线引入室内,调节建筑室内主要空间的采光强度,减少室内人工照明灯具的设置需求。

增设建筑穿层大堂空间与界面可开启空间:既有建筑改造过程中,建筑首层与二层层高相对较低,建筑主要出入口为建筑的东偏北侧,建筑室内空间进深较大,直射光线无法到达进深深处。因此,在改造设计中,将建筑首层局部顶板取消,形成上下穿层空间,既解决了首层开敞厅堂空间的需求,同时,也通过同层的主入口空间的外部开启窗,很好的将自然光线引入局部室内,较好的改善东北部区域的内部功能空间的室内自然采光现状。

增设建筑边庭空间:既有建筑平面呈"L"型,建筑整体开间与进深较大,因此,建筑由二层至六层空间开始,在建筑南侧设置边庭空间,边庭逐层扩大,上下贯通,形成良好的半室外空间,不仅在建筑南侧形成必要的视线过渡空间,同时也缩减了建筑进深大而引起的直射光线的照射深度的不利影响。

增设建筑中庭空间:既有建筑从三层空间开始,在电梯厅前部增设上下贯通的中庭空间,并结合室内功能的交通联系,恰当地将建筑增设中庭空间一分为二,在保证最大限度使用功能需求的同时,增设自然光线与通风引入性设计来改善建筑深度部位的室内物理环境。

增设建筑顶部下沉庭院空间：建筑五、六两层东南角内退形成下沉式空中庭院空间，庭院空间同样以缩减建筑进深与开间的方式，有效的将自然光线引入室内，增强室内有效空间的自然采光效果，同时，也增加了既有建筑的空间情趣感。

3. 建筑遮阳

建筑设计从方案伊始即提出了多种利于遮阳的设计措施，并综合考虑了夏季遮阳、冬季得热的问题，同时也考虑周围建筑对于该建筑的影响。

主要设计措施有垂直外遮阳板、水平挑出的格栅（外挑走廊），并针对东、南里面采取不同措施。

（1）垂直外遮阳板：东向外倾斜一定角度（30°），在满足夏季遮阳要求的同时，尽量使其对冬季的日照影响降到最小，并且将该构件种植绿化，一可改善微环境，二可增加夏季遮阳的效果，冬季落叶后还提高了日照的入射（图 5-33）。

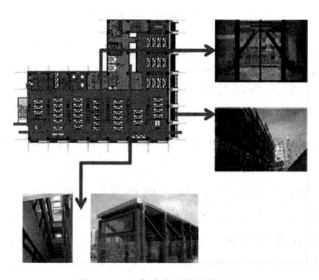

图 5-33　垂直外遮阳板的效果图

（2）水平挑出的格栅（外挑走廊）：在南上水平挑出结构（外挑宽度为 3.9m）可以起到非常好的遮阳效果，并且利用该结构作为室外交通空间，也改善了办公环境。

4. 屋顶绿化

面对场地周围建筑密集、绿化环境的一般情况,做好屋顶绿化是十分重要的。建筑在屋面上利用光伏电板系统的架空,新增一个敞厅空间。敞厅外设计为屋顶露台和菜园。屋顶菜园种植了分块状、多样化的蔬菜区、爬藤类区、草坪、水生植物区等,人们可以直接现场观察瓜果蔬菜的生长过程,还可以亲身实践种植及品尝,拉近了人与自然的距离(图 5-34)。

图 5-34 改造前屋面状况与改造后屋顶菜园

5. 垂直绿化外遮阳模块

申都大厦改造项目的垂直绿化分设于建筑临近南侧居住区南立面区域、建筑沿主干道东立面区域,布置面积分别为:东立面绿化面积为 346.08m²,南立面绿化面积为 319.2m²,共计665.28m²(图 5-35)。

整个绿色立面的设计,最大的特点就是创新的垂直绿化外遮阳系统。该系统由东立面的 82 块标准绿色斜拉模块和南立面的 60 块标准绿色垂直模块吊装构成。标准模块由单榀钢桁架、藤本攀爬植物、不锈钢攀爬网、金属延展网、定制花箱、草本植物、同程微灌喷雾系统及灯光照明共同构筑而成。与一般意义上的垂直绿化不同的是,它的特点非常鲜明,即在否定了垂直绿化的实体依托后,观赏的局限被打破,使得维度更自由化,受众更多元化。

图 5-35 垂直绿化布置

立面的垂直绿化,由于建筑南立面与居民楼的北立面之间仅距 14m,同时东立面紧邻主干道西藏南路,因此垂直绿化不仅装饰立面,还兼有视觉隔断和防噪的作用。此外,我们还就绿化支架的不同角度对采光和通风做了分析,如东立面网板倾斜 30°,就可以引入充足的阳光并促进自然通风,相较于不倾斜的状态能增加 10%～20% 的自然通风量。

三、机电设备节能技术

(一)空调系统

项目依据设计院办公使用的特点采用了易于灵活区域调节的变制冷剂流量多联分体式空调系统＋直接蒸发分体式新风系统(带全热回收装置)。并按照楼层逐层布置,厨房及展厅大厅各设置一套系统,易于管理。能效比均高于国家标准:室内循环室外机 5.2～5.8(铭牌),带热回收型新风 VRF 系统室外机为 5.34(铭牌),普通新风 VRF 系统室外机为 2.79～3.06(铭牌)。

(二)照明系统

照明光源主要采用高光效 T5 荧光灯和 LED 灯,其中 LED

灯主要用于公共区域。灯具形式主要采用高反射率格栅灯具,既满足了眩光要求,又提高了出光效率。公共区域采用了智能照明控制系统可实现光感、红外、场景、时间、远程等控制方式(图5-36)。

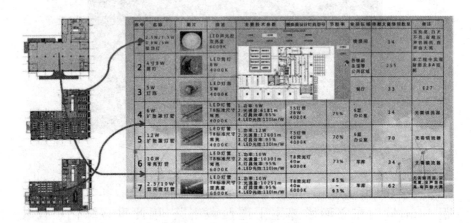

图5-36　高光效照明系统

(三)能效监管系统

申都大厦建筑能效监管系统平台是依据建筑内各耗能设施基本运行信息的状态为基础条件,对建筑物各类耗能相关的信息检测和实施控制策略的能效监管进行综合管理,实现能源最优化经济使用。系统构造可分为管理应用层、信息汇聚层、现场信息采集层。

建筑能效监管系统平台的基础为电表分项计量系统、水表分水质计量系统、太阳能光伏光热等在线监测系统。电表分项计量系统共安装电表约200个,计量的分项原则为一级分类包括空调、动力、插座、照明、特殊用电和饮用热水器六类,二级分类包括VRF室内机、VRF室外机、新风空调箱、新风室外机、一般照明、应急照明、泛光照明、雨水回用、太阳能热水、电梯等,分区原则为每个楼层按照公共区域、工作区域进行分类;水表分水质计量系统共安装水表20个,主要分类包括生活给水、太阳能热水、中水补水、喷雾降温用水等。

能效监管系统平台主要包括八大模块,分别为主界面、绿色建筑、区域管理、能耗模型、节能分析、设备跟踪等。

(四)建筑智能化系统

申都大厦楼宇自动控制系统具备对于给排水系统、消防系统、电梯系统、太阳能热水系统、喷雾降温系统、雨水回用系统、新风系统进行远程运行状态的监测和控制功能,运行状态的监测包括水泵的启停、风机的启停、水位高低、地下车库的一氧化碳浓度、新风系统的温度、湿度、风压、二氧化碳浓度等参数。远程控制主要针对喷雾降温系统的水泵,可实现时间控制等功能。本系统结合能效监管系统可以大大提高项目的高效管理。

(五)可再生能源利用情况

1. 光伏发电系统

申都大厦太阳能光伏发电系统总装机功率约 12.87KWp,太阳电池组件安装面积约 200m²。太阳电池组件安装在申都大厦屋面层顶部,铝质直立锁边屋面之上。太阳电池组件向南倾斜,与水平面成 22°倾角安装。

光伏阵列每两串汇为 1 路,共 3 路,每路配置 1 只汇流箱,共配置 3 只汇流箱。每只汇流箱对应 1 台逆变器的直流输入。3 台并网逆变器分别输出 AC220V、50Hz、ABC 不同相位的单相交流电,共同组合为一路 380/220VAC 三相交流电,通过并网接入点柜并入低压电网。光伏系统所发电力全部为本地负载所消耗(图 5-37)。

2. 太阳能热水系统

申都大厦太阳能热水系统设置以太阳能为主、电力为辅的蓄热太阳能集中热水系统供应热水。太阳能热水系统为厨房、卫生间等提供热水,热水用水量标准为每人每日 5L(60℃)。按太阳能保证率 45%,热水每天温升 45℃,安装太阳能集热面积约 66.9m²。

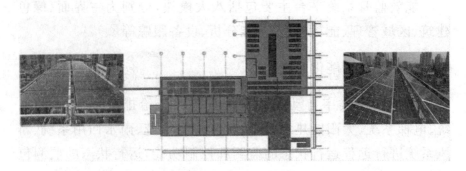

图 5-37　机电设备基本情况——可再生能源系统

采用内插式 U 型真空管集热器作为系统集热元件,安装在屋面。配置 2 台 0.75T 的立式容积式换热器(D1、H1)作为集热水箱,2 台 0.75T 的立式承压水箱(D2、H2)配置内置电加热(36KW)作为供热水箱。集热器承压运行,采用介质间接加热从集热器内收集热量转移至容积式加热器内储存。其中 D1 容积式换热器对应低区供水系统,H1 容积式换热器对应高于供水系统。

太阳能系统设置回水功能,配置管道循环泵,将用水管道内的低温水抽入集热水箱,保证热水供水管道内水温恒定,这样既保证了用水舒适度也减少了水资源的浪费。

四、绿色技术与绿色运营

改造方案中主要技术亮点为集景观、遮阳、通风、降噪多种功能为一体的垂直绿化外遮阳系统,自然通风及自然采光的被动式设计,紧凑空间增设的循环资源再利用系统(包括雨水回用系统、太阳能光热系统、太阳能光伏系统、新风热回收系统),建筑能效监管系统平台,阻尼器消能减震加固体系。

这些绿色技术都是以适宜为原则,以精简为核心,坚持绿色技术与建筑的一体化设计。而绿色运营管理则是这些技术真正落地的关键。

由绿色建筑技术团队特别开发的可视化在线能效监管平台,可对建筑物内各种机电设备进行分项计量与能效监测,确保系统在全生命周期高效、节能运转。经能耗模拟分析,本项目的能耗约为 59.56kWh/m²,节能率为 78.6%。通过运营实践我们发现改造完成后建筑设备的实际运行状态与设计值会存在较大差距,只有通过长期的数据采集、设备调节、技术修正才能最终实现运行的高效节能。

通过一年的运营,申都大厦取得了良好的节能成绩。改造之前,该建筑每年的能耗费用将近 80 万元,改造后的能耗费用仅为 50 万元。

智能监控平台。不仅对用电量、用水量等进行分类,还建立了能效平台,对统计的类别和区域进行细分,这样可以看到不同区域的实时用电量或用水量,得到不同系统的指标,进而进行分析与优化,非常有助于节能。

第三节　杭州绿色建筑科技馆绿色技术案例分析

一、概述

本项目按中国节能投资公司要求,打造中国夏热冬冷地区集成适用的绿色建筑技术的示范平台。设计以被动式通风为核心,集成国际先进低碳技术。工程建筑面积 4 679m²,地上四层,地下一层,为钢结构类型。总体布局考虑城市环境以及能源产业园区建筑群体的协调关系,并充分利用周边河网水系,营造环境空间。

内部功能为低碳科技展览、展示、科研用房以及(中节能)杭州环保公司总部等。设计以矩形的采光中庭展开空间与功能用房组织,既解决内部采光问题,又合理布置展览、演示、会议、办公等使用单元。中庭的玻璃景观电梯将入口门厅与各楼层有机地串联起来。内部空间简约、使用性能好、交通流畅,并富有趣味性。

　　建筑造型以低能耗形体目标与建筑美学两者并重,从节能建筑的设计思路自然衍生出极具特色的建筑形态,向南顷斜15°的建筑形态,解决了建筑南向自遮阳功能,北侧可有更多的自然光线引入,南、北以两片卷弧形的体量咬接,以钛锌板作为墙体表面,两侧山墙以陶土板嵌入其中,形象生动并富有科技感。建筑整体设计考虑与环境共生,与周边能源产业园建筑元素统一协调(图 5-38)。

图 5-38　杭州绿色建筑科技馆采用绿色技术示意

二、绿色成套技术设计和实施综述

(一)综合节能技术

　　本项目的围护结构采用较高节能标准设计,包括了形体自遮阳和高性能幕墙围护结构系统;同时积极利用可再生能源,包括太阳能光伏建筑一体化技术(BIPV)和垂直风力发电系统,合理利用自然通风智能控制等措施降低建筑能耗经软件模拟计算,绿色科技馆节能率达到了 76.4%,全年能耗不到一般同类建筑的1/4。由此可见,科技馆是追求成熟的、可示范推广的、因地制宜的技术,而非一味推崇高科技技术的叠加;追求建筑本体、机电系统、运行管理、建筑使用的有机结合,而不是各项节能产品的简单堆砌。

1. 外围护系统

建筑物南北立面、屋面采用钛锌板,东西立面采用陶土板,两种材料均具有可回收循环使用、自洁功能。建筑门窗采用了断桥隔热金属型材多腔密封窗框和高透光双银 Low-E 中空玻璃,使夏季窗户的得热量大大减少,空调负荷从基准建筑的 $41.71W/m^2$ 下降到了 $23.53W/m^2$。

建筑物南立面窗墙比 0.29,北立面 0.38,东立面 0.07,西立面 0.1。合理的窗墙比既满足建筑物内的采光要求,防止眩光对室内人员产生不利影响,又不会形成较大的空调负荷。

2. 主动及被动式通风系统

针对杭州的气候特点,该项目引入了被动式通风系统。该系统是由英国德·蒙特福特大学专业通风咨询设计(图 5-39)。中庭总共设立了 18 处拔风井来组织自然通风,室外自然风进入地下室后,充分利用地下室这个天然的大冷库,对室外进入的空气进行冷却,然后沿着布置在南北向的 14 处主风道以及东西向的 4 处主风道风口进入各个送风风道,在热压和风压的驱动下,沿着风道经由布置在各个通风房间的送风口依次进入房间,带走室内热量的风进入中庭,再通过屋顶烟囱的拔风作用排向室外,可有效减少室内的空调负荷。在室外温度或湿度较高时,被动式通风系统可以关闭,减少对室内温湿度的影响。

采用被动通风方式时:首先打开所有地下室双层窗,房间的风阀和屋顶的电动双层窗;这样风从地下室的进风口进来,由风道通过被动通风阀进入各个房间,再从房间内侧的窗户流向中庭,最后从屋顶的拔风烟囱排出(图 5-40)。

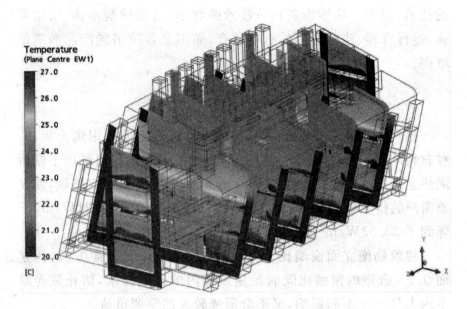

图 5-39 别动式通风系统的动态模拟图

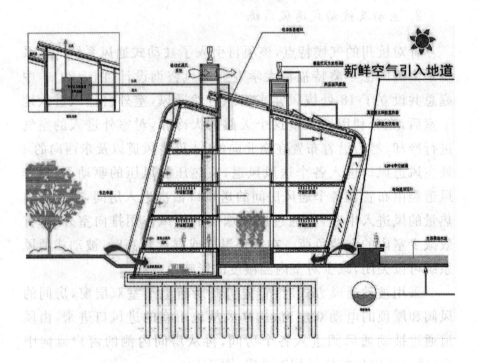

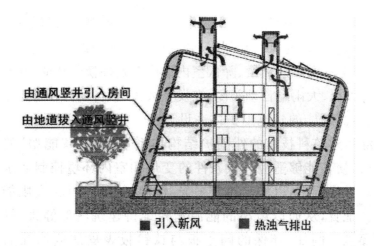

由通风竖井引入房间
由地道拔入通风竖井

■ 引入新风　　■ 热浊气排出

图 5-40　科技馆被动通风示意图、主动式和被动模式气流方向示意图

3. 建筑遮阳技术

(1)建筑物自遮阳系统

建筑物整体向南倾斜 15°,具有很好的自遮阳效果。夏季太阳高度角较高,南向围护结构可阻挡过多太阳辐射;冬季太阳高度角较低,热量则可以进入室内,北向可引入更多的自然光线。这种设计降低了夏季太阳辐射的不利影响,改善了室内环境(图 5-41)。

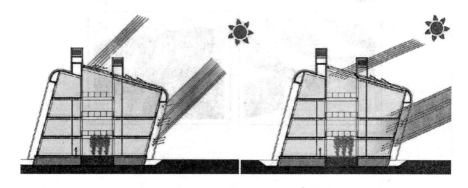

图 5-41　建筑物自遮阳示意图

(2)智能化外遮阳、通风百叶系统

南北立面窗采用智能化机翼型外遮阳百叶,实现了遮阳不遮景,保持室内视觉通透感,并可以有效降低建筑能耗。夏季控制光

线照度及减少室内得热,冬季遮阳百叶的自动调整可以保证太阳辐射热能的获取。通风百叶利用烟囱原理,在被动式通风模式时自动打开,排走室内多余热量、降低室内温度及发挥换气功能;在空调季节和有大风、大雨时自动关闭;在发生火灾时,自动打开排走浓烟。

(3)高性能的建筑围护体系设计

绿色建筑科技馆的外围护结构体系设计为"智能型"的外围护结构,使其能够适应气候条件的变化和室内环境控制要求独立或联动做出调整,以满足建筑采光、保温、隔热、通风、太阳能利用等综合配置,从而以最小的能源消耗维持建筑内部健康、舒适的空间环境。例如,环保的陶土板与钛锌板表皮加玻璃棉隔热保温;Low-E中空玻璃与断热型铝框;过度季节足够面积自然通风开启窗户等(图5-42)。

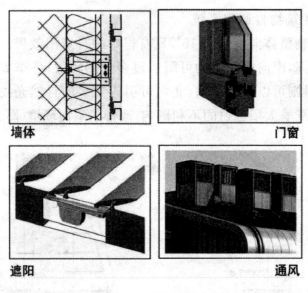

图 5-42　建筑围护体系设计

4. 高能效的空调系统和设备

绿色建筑科技馆采用温湿度独立控制的空调系统,可以满足不同房间热湿比不断变化的要求,克服了常规空调系统中难以同时满足温度、湿度参数的问题,避免了室内湿度过高或过低现象。

(1)温度、湿度独立控制的空调系统

全新的温湿度独立控制策略:通过不同的系统分别单独控制室内的温度和湿度。①溶液除湿新风系统被用来去除系统的潜热负荷,经过处理的干燥清洁新风送入室内,排除室内的余湿和CO_2,保证室内空气质量。②干式空调末端被用来去除室内的显热负荷,由于供水温度高于室内的露点温度,不存在结露的危险。③新风系统在冬天不改变新风的送风参数,承担室内湿度和空气品质的控制;干式末端则被用来供热。本工程室内潜热负荷和小部分显热负荷由热泵式溶液调湿新风机组承担,室内大部分显热负荷由地源热泵承担。

(2)新风系统设计

首先,设计在每个新风支路上均安装了定风量阀,定风量阀的风量误差在设定值的10%范围之内,保证每个房间送入所需的新风量。

其次,在送风方式上设计采用了类似置换送风的方式,在房间一端下部低速送入新风形成新风湖,待新风经过人员活动区域后,在房间的另一端上部排入中庭。

当一层展厅和报告厅人员数不多时,可以打开正常的新风风阀,随着人数的增加,引起房间的露点传感报警,通过打开一层应急新风支管上的电动风阀,增大新风送入量,防止结露的产生。

5. 节能高效的照明系统

绿色建筑科技馆 3 层选用索乐图日光照明技术。光线在管道中以高反射率进行传输,光线反射率达 99.7%,光线传输管道长达 15m。通过采光罩内的光线拦截传输装置(LITD)捕获更多光线,同时采光罩可滤去光线中的紫外线。办公、设备用房等场所选用 T5 系列三基色节能型荧光灯。楼梯、走道等公共部位选用内置优质电子镇流器节能灯,电子镇流器功率因数达到 0.9 以上,镇流器均满足国家能效标准。楼梯间、走道采用节能自熄开关,以达到节电的目的(图 5-43)。

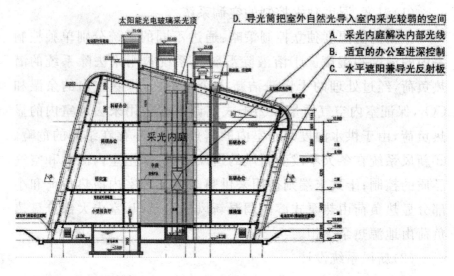

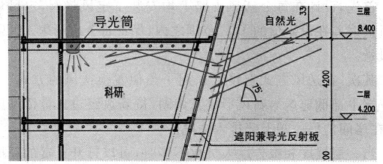

图 5-43　节能高效的照明系统

6. 可再生能源利用

(1) 太阳能、风能、氢能发电系统

屋顶设置风光互补发电系统,多晶硅光伏板面积为 $296m^2$,装机容量 40KW;采光顶光电玻璃面积为 $57m^2$,装机容量 3KW。屋顶光伏发电系统产生的直流电,并入园区 2MW 太阳能发电网。两台风能发电机组装机容量为 600W,系统产生的直流电接入氢能燃料电池,作为备用电源,实现了光电、风电等多种形式的利用(图 5-44)。

图 5-44　光伏发电屋面

（2）地下热能利用系统

系统冷热源为地源热泵系统。本系统选用一台地源热泵机组，制冷量 127KW，COP＝6.15；地埋管 DN25 埋深 60m，共 64 根单 U 管。利用地表下土壤内四季常温的地下热源，夏季降温、冬季供热。地埋管埋深 1.8m，有效深度 60m，总布点 64 个，间距 5m（图 5-45）。

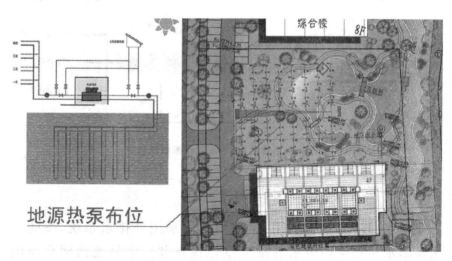

图 5-45　地下热能利用系统

（3）能源再生电梯系统

本工程选用奥的斯 GeN2 能源再生电梯，采用 32 位能源再生变频器，可以将原消耗在电阻箱上的电能清洁后反馈回电网，供其他用电设备使用。曳引机采用植入式稀土永磁材料，不需要碳刷,因此也就没有碳尘。电机的效率为90%,电机采用密封轴承,没有齿轮箱,所以无需润滑油,不存在润滑油污染的问题。双重节能较普通有齿轮乘客电梯最大节能可达到70%。

(二)零污水排放的水处理回用系统

绿色建筑科技馆生活污水通过化粪池后,进入格栅池,除去生活垃圾后,流入调节池(处理后的地面雨水和屋面雨水一起进入调节池),污水经调质调量后,通过调节池提升泵,提升至水解酸化池后,流进MBR膜生物反应池,经处理后达到去除氨氮的作用,剩余的污泥排到污泥池,污泥经压滤机干化作为绿化肥料外运。MBR池出水通过膜抽吸泵抽吸出水,并经消毒后流入清水池,通过中水回用系统回用作为绿色建筑科技馆的厕所冲洗用水,及其周边的洗车用水、花草浇灌、景观用水、道路清洗,实现污水零排放(图5-46)。

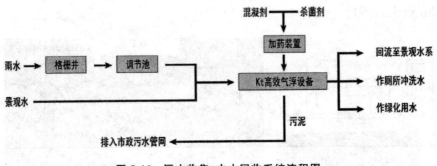

图5-46 污水收集、中水回收系统流程图

(三)节水和水资源的利用

雨水回渗与集蓄利用:屋面雨水均采用外排水系统,屋面雨水经雨水斗和室内雨水管排至室外检查井。室外地面雨水经雨水口由室外雨水管汇集,排至封闭内河,作为雨水调节池,做中水的补水。雨水收集处理后进入人工蓄水池。人工蓄水池具有调蓄功能,尽可能消解降雨的不平衡,以降雨补水为主,河道补水为辅,保证池水水位。

人工蓄水池作为园区景观水的基础,对湖水进行低成本处理,防止景观水污染。人工蓄水池的水作为补充水源,经处理后作为园区绿化用水、景观用水,然后经深度处理消毒后作为生活用水。生活污水直接进入中水处理系统,处理后可用于室内冲厕、绿化用水等。从环保的角度看,雨水中水利用有助于改善生态环境,实现水生态的良性循环。

(四)节材与材料资源利用

本项目主体结构采用钢框架结构体系,现浇混凝土全部采用预拌混凝土,不但能够控制工程施工质量,减少施工现场噪声和粉尘污染,并节约能源资源,减少材料损耗;而且严格控制混凝土外加剂有害物质含量,避免建筑材料中有害物质对人体健康造成损害,达到绿色环保的要求

屋顶为非上人屋面,其上设计有18个拔风井烟囱,用于过渡季节自然通风,南向东西两端的拔风烟囱顶部各自设置有1个直径300mm的垂直式风力发电机,整体建筑物未设计无功能作用的装饰构件。

本项目实现土建与装修工程一体化设计与施工,通过各专业项目提供资料及早落实设计,做好预埋预处理。若有所调整,则及时联系变更提早修正,有效避免拆除破坏重复装修。施工单位制定了建筑施工废弃物的管理计划,将金属废料设备包装等折价处理,将密目网模板等再循环利用,将施工和场地清理时产生的木材钢材铝合金门窗玻璃等固体废弃物进行分类处理,并将其中可再利用可再循环材料回收。

第四节 "沪上·生态家"案例分析

一、工程概况

"沪上·生态家"作为中国2010年上海世博会城市实践区的绿色住宅体验馆,立足地域、人文、气候特征,汲取江南民居建筑

元素：弄堂、天井、石库门、老虎窗、山墙等的传统文化和生态手法。承载了自然采光、穿堂风、庭院植绿、遮阳等功能并赋予其新的生态内涵，充分体现"因地制宜"的生态建造理念和可持续发展的绿色创新理念。

　　项目位于 2010 年上海世博会园区浦西片区城市最佳实践区北部区块内，选址利用废旧厂区。集中了以居住、商业、办公为主导功能的十多个不同国家的实物案例，共同组成了模拟生活街区，以体现"城市环境科技创新"所带来的美好城市生活（图 5-47）。在北区广场上方居住组团入口广场处，有一幢白墙青砖、有江南民居特色的四层建筑，就是代表上海的实物案例"沪上·生态家"（图 5-48）。

A-上海案例

B-英国案例

C-西班牙案例

图 5-47　"沪上·生态家"区位

图 5-48　"沪上·生态家"实景图

　　"沪上·生态家"占地面积 1 300m²,建筑面积 3 020m²,地上四层,地下一层,建筑屋面高度为 18.9m,世博会期间作为上海生态人居展示案例,与来自伦敦的"零碳馆"、来自马德里的"竹屋"等案例共同构成居住组团,世博会后将改建为办公群永久保留。

二、绿色生态技术

(一)风能利用

1. 自然通风

　　建筑体量为南北向条状排列,迎合上海夏季季风方向,并设计多路贯通风道。底层挑空等候区抽象于传统弄堂空间,并有角度地形成导风墙。建筑北侧嵌入"生态中庭",形成竖向拔风道,周边布置的单元式种植模块,起到过滤净化空气的作用。地下空间通过南北水景、庭院形成通风道。立面门窗设计适合多类天气条件的通风导风口。首层南立面设计导风窗扇,内部北侧设计生态中庭,形成自然通风热压拔风道。屋顶设计开合屋顶,可根据外部气候条件控制其开闭(图 5-49)。

2. 生态中庭

"生态中庭"中依据旋转向上的风流导向,设计单元式模块种植绿化,提升气流运动趋势,起到过滤净化室内空气的作用。两端的势能回收电梯与可变速电梯,可以在上下运动节省能源的同时,活化"生态中庭"中的气流运动。

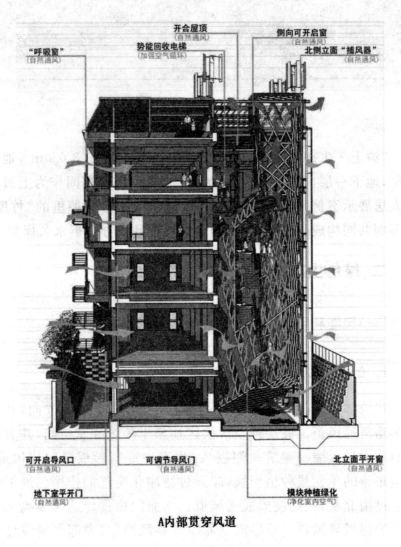

A内部贯穿风道

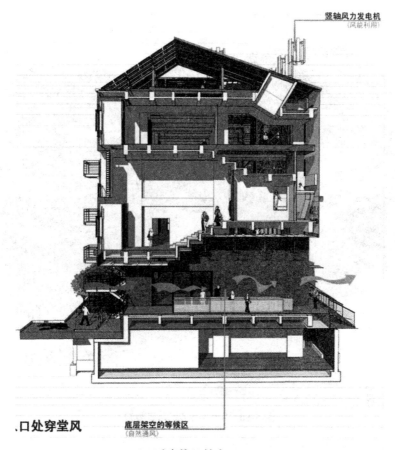

图 5-49　"沪上·生态家"自然通风分析

　　为加强驱动"中庭"顶部气流在中庭中流动,高出屋面的其顶侧向设计可开启窗,与由屋面竖轴静音风力发电系统供能的机械拔风风机联控,提高自然通风效率。屋面设计开合屋顶,可根据外部气候条件控制其开闭。"生态中庭"北侧立面设计六组"捕风器",与北立面下部可调控通风口互动,增强"生态中庭"的通风能力(图 5-50)。

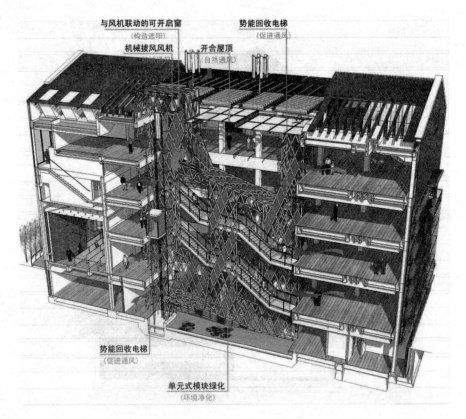

与风机联动的可开启窗
(构造遮阳)

势能回收电梯
(促进通风)

机械拔风风机

开合屋顶
(自然通风)

势能回收电梯
(促进通风)

单元式模块绿化
(环境净化)

图 5-50 "生态中庭"导风效应

(二)光能利用

借鉴老上海民居的生态手法,用现代建筑语言改良采光。通过智能化控制系统,统筹遮阳系统和人工照明,最大限度利用免费的太阳光提供室内照明。南北两侧的下沉边庭,辅以景观水池面的反射光,改善地下区域的采光效果。建筑外部泛光照明和室内公共照明均采用 LED 新型照明技术,高效节能环保长效。南向坡屋顶设置 BIPV 非晶硅薄膜光伏发电系统和平板集热太阳能热水系统,兼做屋顶花园遮阳棚,提供建筑照明用电和生活热水。

1. 自然采光

建筑平面面南北向布局,建筑进深和窗墙比设计合理;借鉴上海传统民居透光中庭、老虎窗、天窗等天然采光手法；采光中庭设置于建筑的北侧中部，从地下一层一直通向四层，高度约 22m，面积约 120m^2，天然光通过顶部天窗及北侧玻璃幕墙进入室内；建筑南侧设置一个底部低于地面 4.5m 的下沉水景庭院，具有较高的反射率的水面可以将天然光反射至室内顶棚，改善地下空间自然采光效果，提高室内照度。南向立面增大透明窗体面积，直接引入太阳光（图 5-51）。

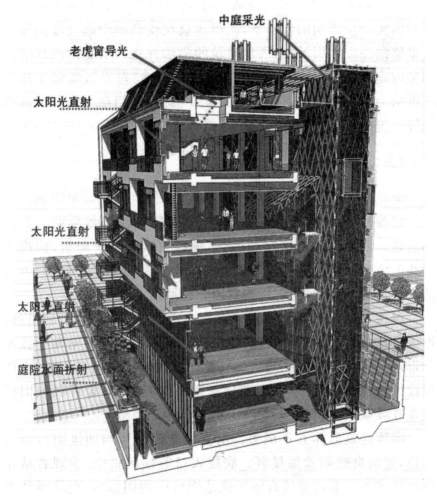

图 5-51　"沪上·生态家"自然采光分析

2. 太阳能利用

南向坡屋面、南向立面阳台结合薄膜式太阳能光伏发电板，它具有一定的地域适用性，便于建筑一体化设计、安装和调试，转化率为 8.5%。南向坡屋面整合太阳能热水系统。

3. LED 节能

以不同光色照亮不同材质的墙面来强调立面的体块感。在不对居民产生影响的前提下，使得建筑在夜间的中远尺度的视点有足够的亮度吸引视线，展示建筑的简洁外观。明亮的内部空间与室内庭院透过格栅映出，室内与室外形成"对景"，增强了建筑的吸引力与亲切感。对于建筑的重要细部，如门廊、入口、顶部格栅等位置的深化处理，关注细节，提升建筑品位。

（三）遮阳技术

南立面花格窗和凹阳台错落有致，建筑自遮阳效果明显。底层入口等候区挑空，形成较大面积阴影区，解决等候期间人群日晒问题。西墙设种植槽爬藤绿化，辅以聚碳酸酯遮阳板，构成双层遮阳体系。南向外窗设中置遮阳帘，屋顶安装追光百叶，可灵活变化角度，遮阳的同时维持室内合理照度。

屋顶采光中庭设计追光外遮阳电动百叶；南立面阳台错落，形成自遮阳；南向门窗结合具体位置形式采用可调节电动中置遮阳帘；西立面设计种植空腔，外层设计打孔聚碳酸酯遮阳板，空腔层设计种植槽，作为西立面双层遮阳系统；东立面设计回收旧砖空斗呼吸墙系统。

屋顶建筑形体方正规整。南立面花窗白墙与凹进阳台错落有致，建筑自遮阳效果显著。底层入口等候区挑空，参观者从建筑北侧进入。通过建筑自体形成范围较广的阴影区，免除排队等候时参观者的日晒之苦(图 5-52)。

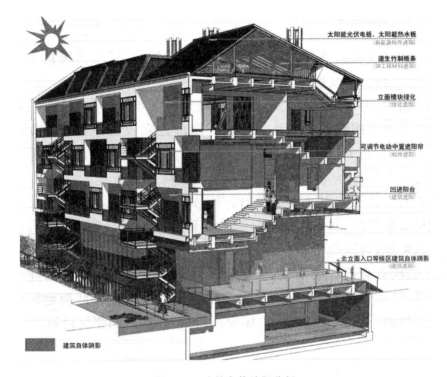

太阳能光伏电板、太阳能热水板
（新能源构件遮阳）

速生竹制板条
（3R工程材料遮阳）

立面模块绿化
（绿化遮阳）

可调节电动中置遮阳帘
（构件遮阳）

凹进阳台
（建筑遮阳）

北立面入口等候区建筑自体阴影
（建筑遮阳）

建筑自体阴影

图 5-52　建筑自体遮阳分析

（四）绿化技术

绿化物种选择适合上海地区土壤条件的乡土植物,种植介质使用轻质营养土。构成立面遮阳、环境净化、整体拼装等在建筑外面以及内部"生态中庭"形成综合绿化系统。

依托"生态中庭"结构空间网架,南立面挂壁模块、西立面种植爬藤、屋面为模块拼装绿化种植的屋顶花园。收集屋面雨水后汇入景观水池,经水面种植的生态浮床系统过滤净化,水质得到改善。在美化环境的同时,也提升了建筑隔热保温性能。除常规景观绿化外,在跌水面种植净化水体的植物,水体设计生态浮床系统。结合中庭空间网架,根据气流导向分析结果,设计双面观单元模块式绿化。

（五）废技术

建筑材料倡导节材，通过对旧房拆迁材料、城市固废再生材料的综合利用，变废为宝。

用约 15 万块石库门老砖砌筑建筑立面青砖"呼吸墙"，楼梯踏步及雨水回收景观水池等。旧厂房拆迁回收的型钢重新焊接加工成"生态中庭"、钢楼梯。建筑主体结构采用高性能再生骨料混凝土，其中用矿渣粉、粉煤灰等工业废料代替部分水泥，用旧混凝土取代碎石作为混凝土骨料。墙体材料采用长江淤泥空心砖和粉煤灰砌块，并采用无机保温砂浆和脱硫石膏保温砂浆复合的保温系统，内隔墙更是全部采用废弃材料再生建材，如蒸压灰砂砖、脱硫石膏板轻质隔墙、混凝土砌块等。建造现场产生的建筑垃圾，经筛选夯实后，直接作为垫层使用。选择适合江南地区气候条件的，对环境影响小、破坏少、可再循环使用的建筑材料。

第六章　绿色建筑的管理、施工与控制

当前,随着我国政府关于发展节能省地型建筑相关政策的发布以及与之相配合的《绿色建筑技术导则》《绿色建筑评价标准》等文件的相继出台,绿色建筑已成为我国房地产业转型发展的一个重要方向。在这一过程中,做好绿色建筑的管理、施工与控制是极为重要的。

第一节　绿色建筑管理的技术

在进行绿色建筑管理时,可以借助一些高新技术,以便能够提供更为现代化和专业化的物业服务。数字化技术和智能化技术是当前在绿色建筑管理中运用较广的两种技术。

一、绿色建筑管理的数字化技术

在绿色建筑管理中全面应用数字化技术,以数字化、网络化、智能化系统作为绿色建筑物业服务技术支撑平台,可以确保绿色建筑得到有效的运行。

(一)数字化技术的基本内涵

信息表达有多种方式,如文字、声音、语言、动作或图像等。数字化是指解决某一问题时,对涉及该问题的全部信息,均使用两个字符"0"和"1"的编码来表达,然后通过传输和处理这些信息得到结果。如若需要,还可原原本本地还它本来面目或经过必要的信息处理获得更佳效果。

数字化技术是采用现代高科技,表达、采集、传输、处理与存储信息的重要技术,具有处理与存储信息量大、传输速度快、精确度高且易于信息交换的特点。可以利用计算机处理技术,把文字、声音、语言、动作或图像等信息转变为用"0"和"1"编码的数字信号,用于传输与处理的过程。因此,数字化技术简单来说就是以高速微型计算机为核心的数字编码、数字压缩、数字调制与解调等信息处理技术。

数字化技术是以二进制为基础的,二进制的发明人是17、18世纪之交德国最重要的数学家、物理学家和哲学家莱布尼兹,他在1679年写的论文《二进算术》中提出了二进制,建立了二进制的表示及运算方法。他认为,一切数字都可以用0和1表示出来,即所有的数字信息都可以用"0"和"1"两个字符来表示。

当前,数字化技术在人们生活中的运用越来越广泛,数字化产品的运用越来越广泛,如个人电脑、CD唱机、数字摄像机、数码相机等。由数字化技术和产品带来的新的更加丰富多彩的生活方式称为数字化生活。在这种生活方式之下,人们可以在网络上处理一些日常生活中的事情,如购物、银行取款、支付账单、更新驾照、查阅文献、订阅新闻、学习、授课、娱乐休闲、交友谈情、外出旅游等,有些事可以在网络上直接处理,有些事通过网络得到信息后辅助自己进行安排。此外,运用数字技术可以建立一个具有个性的智能化家庭平台。家庭内的所有电器或设备联网,而且还与互联网融为一体,构成一个智能化的家庭生活环境。美国、欧洲等经济发达国家提出了"聪明屋"的概念,实际上与我们的"智能化居住"概念差不多,其实质内容是:将住宅中设备、家电和家庭安防装置等通过家庭总线技术连接到家庭智能终端上,对这类装置或设备实现集中式的控制和管理,也可以异地监视与控制。家庭正在或已经成为城市信息网络中的一个基本节点,使人们可以享受到通信、安全防范、多媒体和娱乐等方面的各种便利。数字化和绿色革命正在改变着建筑物,特别是家居的设计、建造和运作方式。数字化可实现高效、高质量的生活,真正促进绿色建筑的发展。

（二）数字化技术在绿色建筑管理中的运用

绿色建筑管理特别是绿色建筑运营管理必须要依赖于网络化的管理。绿色建筑运营管理提出了以下技术要求：建立数字化运营管理网络平台，监控各系统及重点参数，使其达到设计预定的目标；建立突发事件的应急处理系统。网络是指将分散在各处的计算机、打印机、电子设备、安防装置等通过通信技术连成一个整体，可以交互信息、传达命令。网络化是指提供网络环境，将原先分散的各种事件通过网络实现资源共享、相互沟通、实时交互信息，使业务处理或工作变得更为科学与高效。在当前出现的居住小区智能化，便是以网络平台作为信息传输通道，联结各个智能化子系统，通过物业服务中心向住户提供多种功能的服务。

今后，数字化技术和网络化建设在绿色建筑管理特别是运营管理中的运用会更为普遍和深入，并能够为绿色建筑的发展注入新的活力。

二、绿色建筑管理的智能化技术

随着信息时代的到来，绿色建筑智能化正在以前所未有的速度迅速发展。在绿色建筑智能化的发展过程中，智能化技术在绿色建筑管理中的运用也越来越广泛，可以有效提升居住环境的质量。这里将具体分析一下智能化技术在绿色住宅建筑管理中的运用。具体来说，可以通过智能化系统的构建，来进行有效的绿色住宅建筑管理。

（一）绿色住宅建筑智能化系统的内涵

绿色住宅智能化系统是指通过智能化系统的参与，实现高效的管理与优质的服务，为住户提供一个安全、舒适、便利的居住环境，同时最大限度地保护环境、节约资源（节能、节水、节地、节材）和减少污染。它是通过电话线、有线电视网、现场总线、综合布线系统、宽带光纤接入网等组成的信息传输通道,安装智能产品,组成各种应用系统,为住户、物业服务公司提供各类服务平台。

绿色住宅建筑智能化系统包括软件和硬件两个方面。系统软件是智能化系统中的核心,其功能好坏直接关系到整个系统的运行。居住小区智能化系统软件主要是指应用软件、实时监控软件、网络与单机版操作系统等,其中最为关注的是居住小区物业服务软件。对软件的要求是:应具有高可靠性和安全性;软件人机界面图形化,采用多媒体技术,使系统具有处理声音及图像的功能;软件应符合标准,便于升级和更多的支持硬件产品;软件应具有可扩充性。

绿色住宅建筑智能化系统的硬件较多,主要包括信息网络、计算机系统、智能型产品、公共设备、门禁、IC 卡、计量仪表和电子器材等。系统硬件首先应具备实用性和可靠性,应优先选择适用、成熟、标准化程度高的产品。这个理由是十分明显的,因为居住小区涉及几百户甚至上千户住户的日常生活。另外,由于智能化系统施工中隐蔽工程较多,有些预埋产品不易更换。小区内居住有不同年龄、不同文化程度的居民,因此,要求操作尽量简便,具有高适用性。智能化系统中的硬件应考虑先进性,特别是对建设档次较高的系统,其中涉及计算机、网络、通信等部分的属于高新技术,发展速度很快,因此,必须考虑先进性,避免短期内因选用的技术陈旧,造成整个系统性能不高,不能满足发展而过早淘汰。另外,从住户使用来看,要求能按菜单方式提供功能,这要求硬件系统具有可扩充性。从智能化系统总体来看,由于住户使用系统的数量及程度的不确定性,要求系统可升级,具有开发性,提供标准接口,可根据用户实际要求对系统进行拓展或升级。所选产品具有兼容性也很重要,系统设备优先选择按国际标准或国内标准生产的产品,便于今后更新和日常维护。

(二)绿色住宅建筑智能化系统的构成

通常而言,绿色住宅建筑智能化系统是由安全防范子系统、管理与监控子系统、信息网络子系统以及智能型产品等共同构成的(图 6-1)。

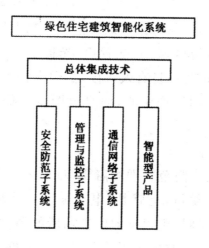

图 6-1　绿色住宅建筑智能化系统

1.安全防范子系统

安全防范子系统是通过在小区周界、重点部位与住户室内安装安全防范的装置,并由小区物业服务中心统一管理,来提高小区安全防范水平。一般来说,安全防范子系统主要由以下几个功能模块组成。

(1)居住报警装置

住户室内安装家庭紧急求助报警装置。家里有人得了急病、发现了漏水或其他意外情况,可按紧急求助报警按钮,小区物业服务中心立即收到此信号速来处理。物业服务中心还应实时记录报警事件。依据实际需要还可安装户门防盗报警装置、阳台外窗安装防范报警装置、厨房内安装燃气泄漏自动报警装置等。有的还可做到一旦家里进了小偷,报警装置会立刻打手机通知你。

(2)周界防越报警装置

周界防范应遵循以阻挡为主、报警为辅的思路,把入侵者阻挡在周界外,让入侵者知难而退。为预防安全事故发生,应主动出击,争取有利的时机,把一切不安全因素控制在萌芽状态,确保防护场所的安全和减少不必要的经济损失。

小区周界设置越界探测装置，一旦有人入侵，小区物业服务中心立即发现非法越界者，并进行处理，还能实时显示报警地点和报警时间，自动记录与保存报警信息。物业服务中心还可采用电子地图指示报警区域，并配置声、光提示。该装置还可与视频监控装置联动，这时一旦有人入侵，不但有报警信号，报警现场的图像也同步传输到管理中心，而且该图像已保存于计算机中，便于处理或破案。

（3）视频监控装置

根据小区安全防范管理的需要，对小区的主要出入口及重要公共部位安装摄像机，也就是"电子眼"，直接观看被监视场所的一切情况。"电子眼"可以把被监视场所的图像、声音同时传送到物业服务中心，使被监控场所的情况一目了然。物业服务中心通过遥控摄像机及其辅助设备，对摄像机云台及镜头进行控制；可自动/手动切换系统图像；并实现对多个被监视画面长时间的连续记录，从而为日后对曾出现过的一些情况进行分析，为破案提供极大的方便。

视频监控装置还可以与防盗报警等其他安全技术防范装置联动运行，使防范能力更加强大。特别是近年来，数字化技术及计算机图像处理技术的发展，使视频监控装置在实现自动跟踪、实时处理等方面有了更长足的发展，从而使视频监控装置在整个安全技术防范体系中具有举足轻重的地位。

（4）访客可视对讲装置

家里来了客人，只要在楼道入口处，甚至于小区出入口处按一下访客可视对讲室外主机按钮，主人通过访客可视对讲室内机，在家里就可看到或听到谁来了，便可开启楼寓防盗门。

（5）电子巡更系统

小区范围较大，保安人员多，如何保证 24 小时不间断巡逻，这就得靠安装电子巡更系统。该系统只需要在巡更路线上安装一系列巡更点器，保安人员巡更到各点时用巡更棒碰一下，将巡更到该地点的时间记录到巡更棒里或远传到物业服务中心的计算机中,实现对巡更情况(巡更的时间、地点、人物、事件)的考核。

　　电子巡更系统分在线式、离线式和无线式三大类。在线式和无线式电子巡更系统是在监控室就可以看到巡更人员所在巡逻路线及到达的巡更点的时间,其中无线式可简化布线,适用于范围较大的场所。离线式电子巡更系统巡逻人员手持巡更棒,到每一个巡更点器,采集信息后,回到物业服务中心将信息传输给计算机,就可以显示整个巡逻过程。相较于在线式电子巡更系统,离线式电子巡更系统的缺点是不能实时管理,优点是无须布线、安装简单。

　　2.管理与监控子系统

这一系统主要有以下几个功能模块组成。

(1)车辆出入与停车管理装置

　　小区内车辆出入口通过 IC 卡或其他形式进行管理或计费。实现车辆出入、存放时间记录、查询和区内车辆存放管理等。车辆出入口管理装置与小区物业服务中心计算机联网使用,小区车辆出入口地方安装车辆出入管理装置。持卡者将车辆驶至读卡机前取出 IC 卡在读卡机感应区域晃动,值班室电脑自动核对、记录,感应过程完毕,发出"嘀"的一声,过程结束;道闸自动升起;司机开车入场;进场后道闸自动关闭。

(2)设备监控装置

　　小区物业服务中心或分控制中心内的设备监控装置,需要包括以下几方面的功能。

第一,变配电设备状态显示、故障警报。

第二,电梯运行状态显示、查询、故障警报。

第三,场景的设定及照明的调整。

第四,饮用蓄水池过滤、杀菌设备监测。

第五,园林绿化浇灌控制。

第六,对所有监控设备的等待运行维护进行集中管理。

第七，对小区集中供冷和供热设备的运行与故障状态进行监测。

第八，公共设施监控信息与相关部门或专业维修部门联网。

（3）自动抄表装置

自动抄表装置的应用须与公用事业管理部门相协调。在住宅内安装水、电、气、热等具有信号输出的表具之后，表具的计量数据将可以远传至供水、电、气、热相应的职能部门或物业服务中心，实现自动抄表。应以计量部门确认的表具显示数据作为计量依据，定期对远传采集数据进行校正，达到精确计量。住户可通过小区内部宽带网、互联网等查看表具数据。

（4）紧急广播与背景音乐装置

在小区公众场所内安装紧急广播与背景音乐装置，平时播放背景音乐，在特定分区内可播放业务广播、会议广播或通知等。在发生紧急事件时可作为紧急广播强制切入使用，指挥引导疏散。

（5）物业服务计算机系统

物业公司采用计算机管理，也就是用计算机取代人力，完成烦琐的办公、大量的数据检索、繁重的财务计算等管理工作。物业服务计算机系统基本功能包括物业公司管理、托管物业服务、业主管理和系统管理四个子系统。其中，物业公司管理子系统包括办公管理、人事管理、设备管理、财务管理、项目管理等；托管物业服务子系统包括托管房产管理、维修保养管理、设备运行管理、安防卫生管理、环境绿化管理、业主委员会管理、租赁管理、会所管理、收费管理等；业主管理包括业主资料管理、业主入住管理、业主报修管理、业主服务管理、业主投诉管理等；系统管理包括系统参数管理、系统用户管理、操作权限管理、数据备份管理、系统日志管理等。

3.通信网络子系统

通信网络子系统主要由五个功能模块组成，即电话网、有线电视网、宽带接入网、控制网和家庭网。这一系统对于小区居民的通信和信息传播有着重要的作用。

4. 智能型产品

智能型产品是以智能技术为支撑,提高绿色建筑性能的系统与技术。这一系统具体是由以下几个功能模块组成的。

(1)节能控制系统与产品

节能控制系统与产品主要有集中空调节能控制技术、热能耗分户计量技术、智能采光照明产品、公共照明节能控制、地下车库自动照明控制、隐蔽式外窗遮阳百叶、空调新风量与热量交换控制技术等。

(2)节水控制系统与产品

节水控制系统与产品主要有水循环再生系统、给排水集成控制系统、水资源消耗自动统计与管理、中水雨水利用综合控制等。

(3)室内环境综合控制系统与产品

室内环境综合控制系统与产品主要有室内环境监控技术、通风智能技术、高效防噪声系统、垃圾收集与处理的智能技术。

(4)利用可再生能源的智能系统与产品

利用可再生能源的智能系统与产品主要有地热能协同控制、太阳能发电产品等。

第二节 绿色建筑的开发管理

与普通房地产项目一样,绿色建筑的开发需要按照一定的程序进行,以确保能够获得良好的开发成果。因此,为规范企业的绿色建筑开发,必须要做好绿色建筑的开发管理工作。

一、绿色建筑开发管理的现状

(一)国外绿色建筑开发管理的现状

当前,国外很多国家越来越重视绿色建筑的发展,并有效开展了针对绿色建筑的开发管理工作。具体来说,国外主要通过以下几个举措来进行绿色建筑的开发管理。

1.不断完善绿色建筑的法律法规体系

国外在对绿色建筑的开发进行管理时,经常会采用制定与完善法律法规的方式。以美国来说,其在2005年就颁布了《能源政策法案》,这是现阶段美国实施绿色建筑、建筑节能的法律依据之一。此后,美国政府不断对绿色建筑的相关建设标准进行规定。比如,2009年10月奥巴马签署第13514号总统令,要求联邦政府的所有新办公楼设计从2020年起贯彻2030年实现零能耗建筑的要求,2020年节水26%,2015年回收50%的垃圾。2010年,美国又制定了全美第一个强制性地方绿色建筑标准,这对推动美国绿色建筑和绿色经济的发展产生了重要作用。

2.采用经济激励手段支持绿色建筑的开发

绿色建筑的开发虽然能够为全社会带来整体利益,但需要较多的资金投入来支撑提高能源效率。这就在很大程度上制约了企业对绿色建筑的开发与实施。为了促使企业自发生产绿色建筑或者采用节能新技术降低单位建筑面积的能耗,促使居民自发购买绿色建筑,政府要采用相应的经济激励手段,使企业和居民真正从绿色建筑实施中受益。

国外在发展绿色建筑的过程中,都十分注重采用经济激励手段。以日本来说,其政府机关、银行、研究机构针对一般市民、建筑业者以及市民团体和自治体推出了一系列建筑节能以及新能源利用的支援制度。相关的制度与政策主要有住宅、公共建筑高效能源系统导入促进项目补助金、住宅金融公库(现称住宅金融支援机构)节能住宅的补贴融资、节能诊断等诸多项目。此外,也提出了住宅节能装修补贴政策。

3.对企业的责任予以明确

国外在对绿色建筑的开发进行管理时,特别强调企业的源头作用,并制定了明确的绿色建筑开发的企业责任制。正是由于法律明确企业在维持绿色建筑开发中的责任,使得西方国家特别是发达国家的开发商把绿色建筑开发的理念作为自身发展不可或缺的一部分,对促进绿色建筑开发起到了积极作用。

以德国来说,其规定在新建或改造建筑物时,承建方应为建筑物的所有者编制建筑物能源证书。所有者应依照有关机构的要求,向各州法律所指定的法规监管部门提交能源证书。如果出售建有建筑物的地产、已建地产的准土地、建筑的独立产权或部分产权,则卖方应向买方出示能源证书。建筑净面积大于1 000m² 的建筑内和其他人员往来较大的公众服务性机构,应将政府部门颁发的能源证书悬挂在醒目的位置。

4.积极培养公众的绿色建筑意识

西方国家特别是发达国家非常重视运用各种手段与传媒加强对绿色建筑的宣传,以提高市民对实现零排放或低排放的环境意识。开展建筑节能信息传播及咨询服务是绿色建筑管理经常采取的方式之一,而发达国家公民有较高的节能和环保意识,这与政府开展经常性的、有目的的宣传、教育和培训分不开。国外非营利性的绿色建筑信息传播和咨询服务,一般由政府提供经费资助,中介机构组织实施。

(二)国内绿色建筑开发管理的现状

我国是通过抓建筑节能工作来发展现代意义上的绿色建筑的。在 1986 年,我国颁布并实行了《民用建筑节能设计标准(采暖居住建筑部分)》,这既标志着我国的建筑节能工作正式启动,也标志着我国开始探索如何发展绿色建筑。1994 年,我国发表了《中国 21 世纪议程》,同时启动《国家重大科技产业工程——2000年小康型城乡住宅科技产业工程》,以期进一步对人们的居住环境进行改善。此后,我国不断颁布与绿色建筑发展相关的法律、法规与政策、标准,如《绿色生态住宅小区建设要点与技术导则》

《国家康居示范工程建设技术要点(试行稿)》《中国生态住宅技术评估手册》《商品住宅性能评定方法和指标体系》《绿色建筑技术导则》等。这表明,我国也十分注重借助法律法规来进行绿色建筑的开发管理。

我国在对绿色建筑的开发进行管理时,还特别注重发挥政府的作用。自全球爆发气候变暖的危机以来,我国政府便将节能减排作为一项重要的政府工作。2009 年,国家又提出了大力发展绿色经济的倡议,要求工业、建筑和交通等都要走绿色发展之路。同年,我国政府还提出到 2020 年单位国内生产总值 CO_2 排放要比 2005 年下降 40%~45%。由此也可以知道,我国的绿色建筑开发管理,充分借助了节能减排的大环境,以推动绿色建筑体制的不断完善。此外,我国的绿色和建筑开发管理还特别注意以下几个方面。

第一,积极推动绿色建筑评价标识制度及体系的制定与发布,并积极构建绿色建筑评估师制度和三方监督制度。

第二,强化对绿色建筑的全过程控制。

第三,进一步规范绿色建筑的市场准入制度。

第四,完善与绿色建筑发展相关的激励与惩罚机制,并对具体措施予以细化。

第五,制定并完善绿色建筑的技术标准,且要求政府建筑、国家投资工程率先实施这些标准。

第六,鼓励与绿色建筑相关的技术创新,并通过一定的奖励措施对技术创新成果予以肯定。

第七,加强对绿色建筑相关知识和技能的教育,并积极宣传、推广绿色建筑意识。

二、绿色建筑开发管理的模式

绿色建筑的开发是一项十分复杂的工程,会涉及政府、开发商、消费者之间的多重关系。政府通过对与绿色建筑相关的政策、法规等的制定来对开发商的绿色开发行为进行有效的规范与监管,确保绿色建筑开发活动能够持续进行;而绿色建筑的市场即消费者对于绿色建筑的需求情况和购买意愿,在很大程度上决定着开发商是否要进行绿色建筑开发。因此,在进行绿色建筑开发管理时,可采用图 6-2 所示的管理模式。

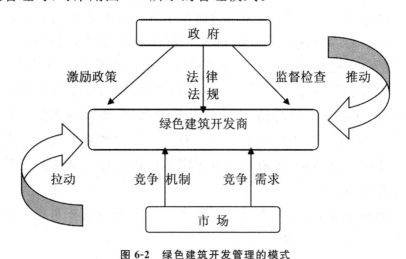

图 6-2　绿色建筑开发管理的模式

三、绿色建筑开发管理的举措

当前,我国的绿色建筑开发管理还处于探索与稳定发展的阶段,不可避免地存在政府干预过多、绿色建筑相关标准与实际不相符等问题。因此,今后需要进一步完善我国绿色建筑开发管理的举措,以切实推动我国绿色建筑的进一步发展。具体来说,可从以下几方面着手来推动绿色建筑开发管理取得更佳的成果。

(一)要充分发挥政府在绿色建筑开发中的宏观调控作用

传统的经济学理论认为,市场确保了经济效益,因而不需要政府的管理。而现实恰恰是市场不能确保经济效益,那么政府就会发挥可能的作用。市场虽然能够根据供求关系进行自我调节,但这种调节难免会出现消极、被动、滞后和带有局部性的缺陷。鉴于此,不论是从西方发达国家的情况来看,还是从新兴的资本主义工业化国家来看,为避免经济发展的盲目性,现在都越来越重视政府对宏观经济的调控问题。

纵观绿色建筑开发的各个阶段,随着市场配置作用的增强,绿色建筑产业也显示了一个自我发展、成熟的趋向。但在一定的历史阶段也出现过失误,产生过偏差,正是通过政府的宏观调控,才使之重归正途。此外,中国政府在房地产业开发中的特殊地位也决定了对绿色建筑开发进行宏观调控的重要性和必要性。在中国的许多企业中,政府作为国有资产或国有股权的所有者,又同时管理着部分微观经济。而在房地产业,政府除了以上两重身份以外,还有第三重身份,在土地公有制国家,或在国家的公有土地上,政府又是代表国家的土地所有者。因此,"由于政府在房地产业中的三重身份,政府行为对于房地产业的作用就比对于其他产业更为重要"①。

具体来说,政府可通过以下几个举措来充分发挥自己在绿色建筑开发中的宏观调控作用。

1. 通过法治手段来调控绿色建筑的开发

立法是推进绿色建筑发展的根本,因此政府必须进一步建立健全与绿色建筑相关的法规体系。

我国绿色建筑的发展相比西方发达国家来说是比较晚的,因而在绿色建筑法规的建设方面也相对落后。到目前为止,我国已经出台了一些绿色建筑法规,如《民用建筑节能条例》《绿色建筑评价标识管理办法》等。但是,这些绿色建筑法规多属于指导性的,较为宽泛。因此,在今后还需进一步完善绿色建筑的法规,以切实推动绿色建筑的进一步发展。

2. 通过经济手段来调控绿色建筑的开发

用经济手段调控绿色建筑的开发,就是国家或地方政府利用价格、补贴、税种、税率、利率、贷款额度等经济杠杆来直接或间接

---

① 孟晓苏.中国房地产业发展的理论与政策研究[M].北京:经济管理出版社,2002:133.

调节和控制绿色建筑的开发。

　　具体来说,通过经济手段来调控绿色建筑的开发就是通过经济激励政策的制定来推动绿色建筑的进一步推广。绿色建筑经济激励政策需要在对绿色建筑进行物品属性分析和对有关人的属性分析的基础上提出,且主要从两个方面来考虑这个问题:一是消除非绿色建筑的不经济性,二是发挥绿色建筑的经济性。为此,国家切实采取以下几个有效的措施。

　　第一,向生产非绿色建筑产品的企业征税,迫使其逐步降低非绿色建筑的产量。

　　第二,适当对生产绿色建筑产品的企业进行补贴,以鼓励企业进一步增加绿色建筑的产量。

　　第三,建立健全与绿色建筑相关的经济优惠制度,充分调动市场各方包括开发商、消费者、承租者等参与绿色建筑生产的积极性。

　　3.通过计划手段来调控绿色建筑的开发

　　绿色建筑开发的计划调节是指按国家或地区统一的经济社会发展计划来指导绿色建筑市场的供给、交易和消费的行为,从而直接或间接影响绿色建筑开发活动。通过对绿色建筑市场的计划调控可以贯彻中央政府关于绿色建筑发展的方针和政策,切实推动绿色建筑的进一步发展。

　　政府在绿色建筑开发中利用计划手段,既具有经济性质又具有行政性质,且需要完成以下几项任务。

　　第一,研究和制定绿色建筑的发展战略,确定中期和年度计划的发展目标,编制各种绿色建筑开发计划。

　　第二,运用行政和经济手段,制定出具体方法和措施,保证计划的实现。

　　第三,及时检查和总结计划的执行情况,实事求是地研究事实、数字、材料,并分析实践过程,找出存在的问题及改进方法。

　　第四,建立必要的绿色建筑开发的计划管理制度,以保证长远规划和近期目标的实现。

4.通过宣传手段来调控绿色建筑的开发

政府应通过推行绿色环保的价值观和行为规范,利用各种宣传媒介,对消费者和开发商进行环保意识和绿色知识教育,使全社会形成绿色环保可持续发展的意识。通过宣传,使开发商树立环保意识和大局观,加深其对绿色建筑的认识,调动其开发建设绿色生态建筑的责任感和使命感,从而推动绿色建筑的开发。

5.通过监管手段来调控绿色建筑的开发

对于绿色建筑开发项目,政府的监管职能不能仅停留在传统意义上的工商注册、资格认定、税收年检等,还要通过创新服务流程(如扁平化的政府服务机构)、提高服务水平和工作效率,降低开发商隐性的交易成本,塑造市场经济条件下的服务型政府。市场监管是塑造完善市场机制的重要方面,政府不能缺位,但也不能越位。政府缺位了,市场监管失效,会出现"市场失败";政府越位,则会导致"政府失败"。

此外,政府要充分发挥自己在绿色建筑开发中的宏观调控作用,还要特别注意以下几个方面。

第一,由于绿色建筑的发展与人民的生活是息息相关的,因此国家对绿色建筑开发市场的调控必须实行"统一领导",以便对开发市场进行有效的宏观管理。不过,由于绿色建筑市场具有区域性特点,与各地区的经济发展水平、收入水平、市场发育程度乃至地理位置都有很大联系。因此,政府在对绿色建筑的开发市场进行调控时,还必须体现出一定的地方性。尤其在中国经济发展不平衡,各地市场发育状况差异较大的情况下,国家对各地的绿色建筑开发市场的调控能否达到效果,还取决于政府的配合程度。也就是说,地方政府必须积极响应中央政府的号召,就中央政府针对绿色建筑的调控政策和调控精神加以细化和落实,以便达到调控的目的。

第二,由于绿色建筑开发涉及面广、影响面宽,绿色建筑产品的价值量大,而且与人们的生产、生活密切相关。因此,对绿色建筑开发不能同一般商品市场那样完全放开,任由市场去组织生产,仅靠供求、价格、利率、税收进行调节不一定会达到宏观调控的目标,适当的计划调控、行政调控甚至法制调控是必需的。也就是说,政府在于绿色建筑的开发进行调控时,必须综合运用多种手段。

第三,鉴于过去的宏观调控工作常常处于"一放就乱,一乱就管,一管就死"的怪圈之中,因此政府在对绿色建筑的开发进行宏观管理时要将"管"和"放"两者有机地结合起来,努力做到"管而不死,活而有序"。

(二)要进一步强化绿色建筑设计理念

绿色建筑设计理念的进一步强化,对于绿色建筑开发管理的有效开展也具有重要的作用。我国的绿色建筑设计理念是在对我国国情进行充分考虑的基础上制定出来的,其价值取向、生活传统、装配工业化技术水平、建设成本等都与我国的基本国情相符。但是,我国的绿色建筑设计理念还需进一步完善,如变主动式技术为被动式技术、合理优化绿色建筑的施工技术等。只有这样,才能使绿色建筑设计理念更加符合我国的特色。

(三)要对绿色建筑进行科学评价

在进行绿色建筑的开发管理时,对绿色建筑进行科学评价也是一项十分重要的举措。为此,必须科学确立建筑"绿色"的量化标准与评估体系,准确判断建筑物"绿"的程度,并进行标注。

在对绿色建筑进行评价时,还必须确立明确的评价及认证系统,以定量的方式检测建筑设计生态目标达到的效果,用一定的指标来衡量其所达到的预期环境性能实现的程度。

(四)要积极构建多元化的绿色建筑开发融资渠道

当前,我国还未构建起与绿色建筑项目相关的融资平台,包括从政府层面建立风险补偿机制,政府对部分绿色建筑项目融资提供信用担保等,还处于摸索阶段。同时,中央财政资金是以"以奖代补"方式支出的,主要是事后奖励,很难用于项目启动。因此,今后我国应积极探索与我国国情相符的绿色建筑开发融资渠道。

对此,可以借鉴美国、英国、加拿大等国以及我国香港、台湾地区在房地产企业融资方面较为典型和成功的做法。对绿色建筑开发商采用房地产信托、房地产投资信托基金、房地产产业投资基金、商业房地产抵押贷款支持证券等形式,以及发行企业债券、个人住房贷款证券化、BOT、TOT、ABS等方式。

(五)要不断完善绿色建筑的开发管理体制

要在房地产开发全寿命周期中始终贯彻绿色建筑理念,有效整合资源,实现最佳效应,必须要有科学合理的管理体制做保证。房地产企业要在遵循市场经济的规律以及自身发展要求的基础上,积极构建能够适应市场需求并能促进企业经济发展的管理结构和运行机制,以确保自身所具有的人、财、物、技术、品牌等各种资源都能够得到最大限度的整合,继而有效推动绿色建筑的发展。

第三节　绿色建筑的运营管理

绿色物业、绿色运营,已成为当前我国绿色建筑发展的迫切需求。而且,在一座绿色建筑的整个生命周期内,运营管理是保障绿色建筑性能,实现节能、节水、节材与保护环境的重要环节。因此,在绿色建筑的发展过程中,必须要做好相关的运营管理。

一、绿色建筑运营管理的含义

绿色建筑运营管理是"在传统物业服务的基础上进行提升,

在给排水、燃气、电力、电信、保安、绿化、保洁、停车、消防与电梯等的管理以及日常维护工作中,坚持'以人为本'和可持续发展的理念,从建筑全寿命周期出发,通过有效应用适宜的高新技术,实现节地、节能、节水、节材与保护环境的目标"①。

绿色建筑运营管理是对建筑运营过程的计划、组织、实施和控制,通过物业的运营过程和运营系统来提高绿色建筑的质量,降低运营成本、管理成本以及节省建筑运行中的各项消耗(含能源消耗和人力消耗)。

绿色建筑运营管理要求运营管理者在绿色建筑全寿命周期都积极参与,从建筑规划设计阶段开始确定其运营管理策略与目标,并在运营实施时不断地进行改进。同时,绿色建筑运营要求处理好使用者、建筑和环境三者之间的关系,实现绿色建筑各项设计指标。

绿色建筑运营管理的重点是实现"四节一环保",即为实现"节能、节材、节水、节地、环保"这一目标而相互协作。

二、绿色建筑运营管理的内容

绿色建筑的运营管理,通常包括以下几方面的内容。

(一)建筑及建筑设备运行管理

一个环保绿色的建筑不仅要提供健康的室内空气,而且对热、冷和潮湿环境提供防护。和较好的室内空气品质一样,合适的热湿环境对建筑使用者的健康、舒适性和工作效率也是非常重要的,且又由于在保证对建筑使用者的健康、舒适性和工作效率的同时,还要考虑建筑及建筑设备运行时是否节能减排,由此可以确定建筑及建筑设备运行管理要具体从以下几方面着手。

1.室内环境参数管理

室内环境参数管理,具体包括以下几方面的内容。

---

① 刘睿.绿色建筑管理[M].北京:中国电力出版社,2013:87.

（1）合理确定室内温湿度和风速

据相关研究表明，随室内温度的变化，节能率呈线性规律变化、室内设计温度每提高 1℃，中央空调系统将减少能耗约 6%。当相对湿度大于 50% 时，节能率随相对湿度呈线性规律变化。由于夏季室内设计相对湿度一般不会低于 50%，所以以 50% 为基准，相对湿度每增加 5%，节能 10%。由此在实际控制过程中，可以通过楼宇自动控制设备，使空调系统的运行温度和设定温度差控制在 0.5℃ 以内，不要盲目地追求夏季室内温度过低，冬季室内温度过高。

通常认为 20℃ 左右是人们最佳的工作温度；25℃ 以上人体开始出现一些变化（皮肤温度升高，接下来就出汗，体力下降以及以后发生的消化系统等发生变化）；30℃ 左右时，开始心慌、烦闷；50℃ 的环境里人体只能忍受 1 h。确定绿色建筑室内标准值的时候，可以在国家《室内空气质量标准》的基础上做适度调整。随着节能技术的应用，我们通常把室内温度，在采暖期控制在 16℃ 左右。制冷时期，由于人们的生活习惯，当室内温度超过 26℃ 时，并不一定开空调，通常人们有一个容忍限度，即在 29℃ 时，人们才开空调，所以在运行期间，通常我们把室内空调温度控制在 29℃。

空气湿度对人体的热平衡和湿热感觉有重大的作用。通常在高温高湿的情况下，人体散热困难，使人感到透不过气，若湿度降低，会感到凉爽。低温高湿环境下虽说人们感觉更加阴凉，如果降低湿度，会感觉到加温，人体会更舒适。所以根据室内相对湿度标准，在国家《室内空气质量标准》的基础上做了适度调整，采暖期一般应保证在 30% 以上，制冷期应控制在 70% 以下。

室内风速对人体的舒适感影响很大。当气温高于人体皮肤温度时，增加风速可以提高人体的舒适度，但是如果风速过大，会有吹风感。在寒冷的冬季，增加风速使人感觉更冷，但是风速不能太小，如果风速过小，人们会产生沉闷的感觉。因此，采纳国家《室内空气质量标准》的规定，采暖期在 0.2 m/s 以下，制冷期在 0.3 m/s 以下。

（2）合理控制室内污染物

在对室内污染物进行控制时，可具体采取以下几项措施。

第一，采用回风的空调室内应严格禁烟。

第二，采用污染物散发量小或者无污染的"绿色"建筑装饰材料、家具、设备等。

第三，养成良好的个人卫生习惯。

第四，定期清洁系统设备，及时清洗或更换过滤器等。

第五，监控室外空气状况，对室外引入的新风系统应进行清洁过滤处理。

第六，提高过滤效果，超标后能及时对其进行控制。

第七，对复印机室和打字室、餐厅、厨房、卫生间等产生污染源的地方进行处理，避免建筑物内的交叉污染。必要时在这些地方进行强制通风换气。

（3）合理控制新风量

根据卫生要求建筑内每人都必须保证有一定的新风量。但新风量取得过多，将增加新风耗能量。所以新风量应该根据室内允许 CO_2 浓度和根据季节季候及时间的变化以及空气的污染情况，来控制新风量以保证室内空气的新鲜度。一般根据气候的分区的不同，在夏热冬暖地区主要考虑的是通风问题，换气次数控制在 0.5 次/h，在夏热冬冷地区则控制在 0.3 次/h，寒冷地区和严寒地区则应控制在 0.2 次/h。通常新风量的控制是智能控制，根据建筑的类型、用途、室内外环境参数等进行动态控制。

2. 建筑门窗管理

绿色建筑是资源和能源的有效利用、保护环境、亲和自然、舒适、健康、安全的建筑，然而实现其真正节能，通常就是利用建筑自身和天然能源来保障室内环境品质。基本思路是使日光、热、空气仅在有益时进入建筑，其目的是控制阳光和空气于恰当的时间进入建筑，以及储存和分配热空气和冷空气以备需要。手段则是通过建筑门窗的管理，实现其绿色的效果。

（1）利用门窗控制室内的热量和采光等

太阳通过窗口进入室内的阳光一方面增加进入室内的太阳辐射，可以充分利用昼光照明，减少电气照明的能耗，也减少照明引起的夏季空调冷负荷，减少冬季采暖负荷；另一方面增加进入室内的太阳辐射会引起空调日射冷负荷的增加。因此，为了更好地利用门窗控制室内的热量和采光等，可以借助以下几项有效的举措。

第一，利用建筑外遮阳。为了取得遮阳效果的最大化，遮阳构件有可调性增强、便于操作及智能化控制的趋向。有的可以根据气候或天气情况调节遮阳角度；有的可以根据居住者的使用情况（在或不在），自动开关，达到最有效的节能。具体形式有遮阳卷帘、活动百叶遮阳、遮阳篷、遮阳纱幕等。

第二，利用窗口内遮阳。目前窗帘的选择，主要是根据住户的个人喜好来选择面料和颜色的，很少顾及节能的要求。相比外遮阳，窗帘遮阳更灵活，更易于用户根据季节天气变化来调节适合的开启方式，不易受外界破坏。内遮阳的形式有百叶窗帘、百叶窗、拉帘、卷帘等。材料则多种多样，有布料、塑料、金属、竹、木等。内遮阳也有不足的地方。当采用内遮阳的时候，太阳辐射穿过玻璃，使内遮阳帘自身受热升温。这部分热量实际上已经进入室内，有很大一部分将通过对流和辐射的方式，使室内的温度升高。

第三，利用玻璃自遮阳。玻璃自遮阳利用窗户玻璃自身的遮阳性能，阻断部分阳光进入室内。玻璃自身的遮阳性能对节能的影响很大，应该选择遮阳系数小的玻璃。遮阳性能好的玻璃常见的有吸热玻璃、热反射玻璃、低辐射玻璃。这几种玻璃的遮阳系数低，具有良好的遮阳效果。值得注意的是，前两种玻璃对采光有不同程度的影响，而低辐射玻璃的透光性能良好。此外，利用玻璃进行遮阳时，必须是关闭窗户的，会给房间的自然通风造成一定的影响，使滞留在室内的部分热量无法散发出去。所以，尽管玻璃自身的遮阳性能是值得肯定的，但是还必须配合百叶遮阳等措施,才能取长补短。

第四,利用通风窗技术。将空调回风引入双层窗夹层空间,带走由日照引起的中间层百叶温度升高的对流热量。中间层百叶在光电控制下自动改变角度,遮挡直射阳光,透过散射可见光。

(2)利用门窗控制自然通风

自然通风是当今绿色建筑中广泛采用的一项技术措施,其可以在过渡季节提供新鲜空气和降温,也可以在空调供冷季节利用夜间通风,降低围护结构和家具的蓄热量,减轻第二天空调的启动负荷。据相关实验表明,充分的夜间通风可使白天室温低 2℃~4℃。因此,在绿色建筑的管理中,要注意通过对门窗的有效控制来实现减少能耗、降低污染的目的。

3.建筑设备运行管理

建筑设备运行管理,具体包括以下几方面的内容。

(1)做好设备运行管理的基础资料工作

基础资料工作是设备管理工作的根本依据,基础资料必须正确齐全。利用现代手段,运用计算机进行管理,使基础资料电子化、网络化,活化其作用。设备的基础资料包括以下几个方面。

第一,设备的原始档案,即基本技术参数和设备价格;质量合格证书;使用安装说明书;验收资料;安装调试及验收记录;出厂、安装、使用的日期。

第二,设备卡片及设备台账。设备卡片将所有设备按系统或部门、场所编号。按编号将设备卡片汇集进行统一登记,形成一本企业的设备台账,从而反映全部设备的基本情况,给设备管理工作提供方便。

第三,设备技术登记簿。在登记簿上记录设备从开始使用到报废的全过程。包括规划、设计、制造、购置、安装、调试、使用、维修、改造、更新及报废,都要进行比较详细的记载。每台设备建立一本设备技术登记簿,做到设备技术登记及时准确齐全,反映该台设备的真实情况,用于指导实际工作。

第四,设备系统资料。建筑的物业设备都是组成系统才发挥作用的,因此除了设备单机资料的管理之外,对系统的资料管理也必须加以重视。系统的资料包括竣工图、系统图(即把各系统分割成若干子系统,并用文字对系统的结构原理、运作过程及一些重要部件的具体位置等作比较详细的说明,使人一目了然)。

(2)合理匹配设备,实现经济运行

合理匹配设备是建筑节能的关键。匹配不合理,不仅运行效率低下,而且设备损失和浪费都很大。在合理匹配设备方面,以下几个方面要特别予以注意。

第一,要注意按照前后工序的需要,合理匹配各工序各工段的主辅机设备,使上下工序达到优化配置和合理衔接,实现前后工序能力和规模的和谐一致,避免因某一工序匹配过大或过小而造成浪费资源和能源的现象。

第二,要注意在满足安全运行、启动、制动和调速等方面的情况下,选择好额定功率恰当的电动机,避免选择功率过大而造成的浪费和功率过小而电动机动过载运行,缩短电机寿命的现象。

第三,要合理配置办公、生活设施,比如空调的选用,要根据房间面积选择合适的空调型号和性能,否则功率过大造成浪费,功率过小又达不到效果。

第四,要合理选择变压器容量。由于使用变压器的固定费用较高且按容量计算,而且在启用变压器时也要根据变压器的容量大小向电力部门交纳增容费。因此,合理选择变压器的容量也至关重要。

(3)合理利用和管理设备,实现最优化利用能量

节能减排的效率和水平很大程度上取决于设备管理水平的高低。加强设备管理是不需要投资或少投资就能收到节能减排效果的措施。在设备管理上,以下几方面要特别予以注意。

第一,要把设备管理纳入经济责任制严格考核,对重点设备指定专人操作和管理。

第二,要做到在不影响设备使用效果的情况下科学合理地使

用,根据用电设备的性能和特点,因时因地因物制宜,做到能不用的尽量不用,能少用的尽量少用,在开机次数、开机时间等方面灵活掌握,严格执行主机停、辅机停的管理制度。

第三,要注意削峰填谷,例如蓄冷空调。针对建筑的性质和用途以及建筑冷负荷的变化和分配规律来确定蓄冷空调的动态控制,完善峰谷分时电价、分季电价,尽量安排利用低谷电。特别是大容量的设备要尽量放在夜间运行。

第四,要有针对性地采取切实可行的措施挖潜降耗,坚决杜绝白昼灯、长明灯、长流水等浪费能源的现象,提高节能减排的精细化管理水平。

(4)对设备进行动态更新,确保设备能力能最大限度发挥

要实现节能减排,必须下决心尽快淘汰那些能耗高、污染大的落后设备和工艺。在这一过程中,以下几方面要特别予以注意。

第一,要根据实际情况,对设备实行梯级利用和调节使用,逐步把节能型设备从开动率高的环节向使用率低的环节动态更新,把节能型设备用在开动率高的环节上,更换下的高能耗的设备用在开动率低的环节上。这样,换下来的设备用在开动率低的环节后,虽然能耗大、效率低,但由于开动的次数少,反而比投入新设备的成本还低。

第二,要注意对闲置设备按照节能减排的要求进行革新和改造,努力盘活这些设备并用于运行中。

第三,要注意单体设备节能向系统优化节能转变,全面考虑工艺配套,使工艺设备不仅在技术设备上高起点,而且在节能上高起点。

(二)物业管理

由于绿色建筑的运营管理主要是通过物业来实施的,因此在绿色建筑的运营管理中,物业管理是一项不可或缺的内容。绿色建筑的物业管理不但包括传统意义上的物业管理中的服务内容,

还包括对节能、节水、节材、保护环境与智能化系统的管理、维护和功能提升。同时,绿色建筑的物业管理需要很多现代科学技术支持,如生态技术、计算机技术、网络技术、信息技术、空调技术等,需要物业管理人员拥有相应的专业知识,能够科学地运行、维修、保养环境、房屋、设备和设施。同时,要想真正提升绿色建筑的物业服务的水平与质量,要特别注意以下几个方面。

1.要不断提升物业管理部门的资质与能力

物业管理部门通过 ISO 14001 环境管理体系认证,是提高环境管理水平的需要。ISO 14001 是环境管理标准,它包括环境管理体系、环境审核、环境标志、全寿命周期分析等内容,旨在指导各类组织取得表现正确的环境行为。

此外,物业管理部门需要有一套完整规范的服务体系和一支专业精干的业务队伍,应根据建筑设备系统的类型、复杂性和业务内容的不同,配备专职或兼职人员进行管理。管理人员和操作人员必须经过培训和绿色教育,经考核合格后才可上岗。唯有通过专业化的分工和严明的制度管理,才能提高绿色建筑的运营管理水准。

2.要制定科学可行的操作管理制度

这里所说的操作管理制度主要指的是节能、节水、节材等资源节约与绿化的操作管理制度,可再生能源系统、雨废水回用系统的运行维护管理制度,绿化管理制度,垃圾管理制度,建筑、设备、系统的维护制度等。

3.要开展有效的绿色教育与宣传

在建筑物长期的运行过程中,物业管理人员的意识与行为,直接影响绿色建筑的目标实现。绿色教育需要针对建筑能源系统、建筑给排水系统、建筑电气系统等主要建筑设备的操作管理人员,进行绿色管理意识和技能的教育;也需要针对建筑使用者,如办公人员、商场和旅馆的游客、学校的学生等,进行行为节能的宣传。

首先,应定期对使用暖通空调系统的用户进行使用、操作、维护等有关节能常识的宣传,最大可能地减少浪费现象。

其次,现在很多绿色建筑的使用者并不知道自己所生活、工作的楼宇,获得过某种绿色认证,这样在意识上就很难形成自主的绿色观,在行为上也很难参与到绿色建筑中来。作为物业管理人员有义务指导业主或租户了解建筑物所采用的绿色技术及使用方法,一方面使大家学习掌握节能环保技巧,另一方面培养大家的绿色建筑主人翁精神。可向使用者提供绿色设施使用手册。

最后,需要明确"管理人员的科学管理+用户的行为节能=绿色建筑的成功运营"的思路。比如在办公建筑中,物业必须让入驻的公司了解他们的行为与建筑物的节能效果是密切相关的,作为入驻公司的管理者也必须让员工了解同样的道理。成功的绿色建筑在于运营,在于管理,在于建筑物内所有人对绿色建筑的共识、共鸣和共同行动。

4.要建立科学的资源管理激励机制

具有并实施资源管理激励机制,管理业绩与节约资源、提高经济效益挂钩。管理是运行节能的重要手段,然而,在过去往往管理业绩不与节能、节约资源情况挂钩。绿色建筑的运行管理要求物业在保证建筑的使用性能要求以及投诉率低于规定值的前提下,实现物业的经济效益与建筑用能系统的耗能状况、用水和办公用品等的情况直接挂钩。

（三）绿化管理

为使居住与工作环境的树木、花园及园林配套设施保持完好,让人们生活在一个优美、舒适的环境中,必须加强绿化管理。绿化管理贯穿于绿色建筑的规划、施工及养护等整个过程,它是保证工程质量、维护建设成果的关键所在。此外,区内所有树木、花坛、绿地、草坪及相关各种设施,均属于管理范围。具体来说,在开展绿色建筑的绿化管理时,可具体从以下几方面着手。

1.要制定绿化管理制度并认真执行

绿化管理制度主要包括对绿化用水进行计量,建立并完善节水型灌溉系统;规范杀虫剂、除草剂、化肥、农药等化学药品的使用,有效避免对土壤和地下水环境的损害。

2.要采用无公害病虫害防治技术

病虫害的发生和蔓延,将直接导致树木生长质量下降,破坏生态环境和生物的多样性,因而要注意对病虫害进行防治。在这一过程中,绿色管理还要注意采用无公害病虫害防治技术,具体可从以下几方面着手。

第一,加强病虫害预测预报。做好病虫害的预测预报工作,可以有效控制病虫害的传播、扩散。

第二,要增强病虫害防治工作的科学性:要坚持生物防治和化学防治相结合的方法,科学使用化学农药,大力推广生物制剂、仿生制剂等无公害防治技术,提高生物防治和无公害防治比例,保证人畜安全,保护有益生物,防止环境污染,促进生态可持续发展。

第三,要对化学药品实行有效的管理控制,保护环境,降低消耗。

第四,对化学药品的使用要规范,要严格按照包装上的操作说明进行使用。

第五,对化学药品的处置,应依照固体废物污染环境防治法和国家有关规定执行。

第六,要增强病虫害防治工作的科学性,要坚持生物防治和化学防治相结合的方法,科学使用化学农药,大力推行生物制剂、仿生制剂等无公害防治技术,提高生物防治和无公害防治的比例,保证人畜安全,保护有益生物,防止环境污染,促进生态可持续发展。

3.要切实提高树木的成活率

在对绿色建筑进行绿化管理时,要及时进行树木的养护、保洁、修理工作,使树木生长状态良好,保证树木有较高的成活率。同时,在绿色建筑的绿化管理过程中,绿化管理人员需要了解植物的生长习性、种植地的土壤、气候、水源水质等状况,根据实际情况进行植物配置,以减少管理成本,提高苗木成活率。此外,要对行道树、花灌木、绿篱定期修剪,对草坪及时修剪。及时做好树木病虫害预测、防治工作,做到树木无暴发性病虫害,保持草坪、地被的完整,保证树木较高的成活率,老树成活率达98%,新栽树木成活率达85%以上。发现危树、枯死树木,及时处理。

(四)垃圾管理

城市垃圾的减量化、资源化和无害化,是发展循环经济的一个重要内容。发展循环经济应将城市生活垃圾的减量化、回收和处理放在重要位置。近年来,我国城市垃圾迅速增加,城市生活垃圾中可回收再生利用的物质多,如有机质已占50%左右,废纸含量在3%～12%,废塑料制品约5%～14%。循环经济的核心是资源综合利用,而不光是原来所说的废旧物资回收。过去我们讲废旧物资回收,主要是通过废旧物资回收利用来缓解供应短缺,强调的是生产资料,如废钢铁、废玻璃、废橡胶等的回收利用。而循环经济中要实现减量化、资源化和无害化的废弃物,重点是城市的生活垃圾。因此,在开展绿色建筑的运营管理时,必须要做好垃圾管理工作。具体来说,可从以下几方面着手进行垃圾管理。

1.要制定科学合理的垃圾收集、运输与处理规划

首先,要考虑建筑物垃圾收集、运输与处理整体系统的合理规划。如果设置小型有机厨余垃圾处理设施,应考虑其布置的合理性及下水管道的承载能力。

其次,物业管理公司应提交垃圾管理制度,并说明实施效果。垃圾管理制度包括垃圾管理运行操作手册、管理设施、管理经费、人员配备及机构分工、监督机制、定期的岗位业务培训和突发事件的应急反应处理系统等。

2.要配置合理的垃圾容器

垃圾容器一般设在居住单元出入口附近隐蔽的位置,其外观色彩及标志应符合垃圾分类收集的要求。垃圾容器分为固定式和移动式两种,其规格应符合国家有关标准。垃圾容器应选择美观与功能兼备,并且与周围景观相协调的产品,要求坚固耐用,不易倾倒。一般可采用不锈钢、木材、石材、混凝土、GRC、陶瓷材料制作。

3.要保持垃圾站(间)的清洁

垃圾站(间)是收集垃圾的中途站,也是物料回收的中转站。垃圾站(间)的清洁程度,直接影响整个生活或办公区域的卫生水平。因此,重视垃圾站(间)的景观美化及环境卫生问题,才能提升生活环境的品质。

垃圾站(间)设置冲洗和排水设施,存放垃圾需要做到及时清运、不污染环境、不散发臭味。出现存放垃圾污染环境、散发臭味的情况时,要及时解决,不拖延,不推卸责任。

4.要做好垃圾的分类回收工作

在建筑运行过程中会产生大量的垃圾,包括建筑装修、维护过程中出现的土、渣土、散落的砂浆和混凝土、剔凿产生的砖石和

混凝土碎块,还包括金属、竹木材、装饰装修产生的废料、各种包装材料、废旧纸张等。对于宾馆类建筑还包括其餐厅产生的厨房垃圾等,这些众多种类的垃圾,如果弃之不用或不合理处理将会对城市环境产生极大的影响。因此,在建筑运行过程中需要根据建筑垃圾的来源、可否回用性质、处理难易度等进行分类,并通过分类的清运和回收使之分类处理或重新变成资源。

垃圾分类收集有利于资源回收利用,便于处理有毒有害的物质,减少垃圾的处理量,减少运输和处理过程中的成本。在具体开展这项工作时,以下几方面应特别予以注意。

第一,要明白垃圾分类是个复杂、长期的系统工作,其主要困难在于以下几个方面:缺乏环保意识;宣传力度不够;分类设施不全;部门规划不利。

第二,要避免已分类回收的垃圾到垃圾站又重新混合,这是不少分类小区存在的问题。

第三,要重心前移,加强前端管理实现垃圾减量化是最根本的办法,重心不要只围着环卫作业,工作重心是社区,以社区为平台,将垃圾分类收集、分类存放、分类运输、分类加工、分类处理等工作落实好,才是抓点子,才能抓出成效。

5.要注意单独收集可降解垃圾

可降解垃圾指可以自然分解的有机垃圾,包括纸张、植物、食物、粪便、肥料等。垃圾实现可降解,大大减少了对环境的影响。

这里所说的可降解垃圾主要是指有机厨余垃圾。由于生物处理对有机厨房垃圾具有减量化、资源化效果等特点,因而得到一定的推广应用。有机厨房垃圾生物降解是多种微生物共同协同作用的结果,将筛选到的有效微生物菌群,接种到有机厨余垃圾中,通过好氧与厌氧联合处理工艺降解生活垃圾,引起外观霉变到内在质量变化等方面变化,最终形成二氧化碳和水等自然界常见形态的化合物。降解过程低碳节能符合节能减排的理念。

有机厨余垃圾的生物处理具有减量化、资源化、效果好等特点,是垃圾生物处理的发展趋势之一。但其前提条件是实行垃圾分类,以提高生物处理垃圾中有机物的含量。

第四节　绿色建筑的施工管理

自改革开放以来,我国的发展主要依靠粗放型经济的发展,造成了大量能源的浪费。作为国民经济支柱产业的工程建设行业占用了大量资源,其资源利用情况直接影响着我国总体资源利用情况。此外,长期以来,我国的建筑垃圾再利用没有引起足够的重视,通常是未经任何处理就被运到郊外或农村,采用露天堆放或填埋的方式进行处理。事实表明,由于工程技术和施工管理方面的原因,工程建设已造成了严重的环境污染。在这样的大背景下,我国的建筑工程也正在向着绿色环保理念发展,建筑工程的绿色建筑施工管理应运而生。

一、绿色建筑施工管理的概念

绿色建筑施工管理主要包括组织管理、规划管理、实施管理、评价管理和人员安全与健康管理五个方面。绿色建筑施工管理要求建立绿色建筑施工管理体系,并制定相应的管理制度与目标,对整个施工过程实施动态管理,加强对施工策划、施工准备、材料采购、现场施工、工程验收等各阶段的管理和监督。绿色建筑施工管理是可持续发展思想在施工管理中的应用体现,是绿色建筑施工管理技术的综合应用。绿色建筑施工管理的核心是通过切实可行有效的管理制度和工作制度,最大限度地减少施工管理活动对环境的不利影响,减少资源与能源的消耗,实现可持续发展的施工管理技术。

二、绿色建筑施工管理的原则和内容

(一)绿色建筑施工管理的原则

绿色建筑施工管理的原则包含以下几个方面。

(1)绿色施工应符合国家的法律、法规及相关的标准规范,实现经济效益、社会效益和环境效益的统一。

(2)实施绿色施工,应依据因地制宜的原则,贯彻执行国家、行业和地方相关的技术经济政策。

(3)运用 ISO 14000 和 ISO 18000 管理体系,将绿色施工有关内容分解到管理体系目标中去,使绿色施工规范化、标准化。

(4)绿色施工贯穿工程项目建设整个过程,应对项目立项,规划,拆迁,设计,施工策划、材料采购、现场施工、工程验收等各阶段进行控制,加强对整个施工过程的管理和监督。

(5)鼓励各地区开展绿色施工的政策与技术研究,发展绿色施工的新技术、新设备、新材料与新工艺,推行应用示范工程。

(二)绿色建筑施工管理的内容

根据《绿色施工导则》的规定,绿色建筑施工管理的主要内容包括以下几方面。

1. 组织管理

(1)建立绿色建筑施工管理体系,并制定相应的管理制度与目标。

(2)项目经理为绿色施工第一责任人,负责绿色施工的组织实施及目标实现,并指定绿色建筑施工管理人员和监督人员。

2. 规划管理

(1)编制绿色施工方案。该方案应在施工组织设计中独立成章,并按有关规定进行审批。

（2）绿色施工方案应包括环境保护措施、节材措施、节水措施、节能措施、节地与施工用地保护措施。

3.实施管理

（1）绿色施工应对整个施工过程实施动态管理，加强对施工策划、施工准备、材料采购、现场施工、工程验收等各阶段的管理和监督。

（2）应结合工程项目的特点，有针对性地对绿色施工作进行相应的宣传，通过宣传营造绿色施工的氛围。

（3）定期对职工进行绿色施工知识培训，增强职工绿色施工意识。

4.评价管理

（1）对照本导则的指标体系，结合工程特点，对绿色施工的效果及采用的新技术、新设备、新材料与新工艺，进行自评估。

（2）成立专家评估小组，对绿色施工方案、实施过程至项目竣工，进行综合评估。

5.人员安全与健康管理

（1）制订施工防尘、防毒、防辐射等职业危害的措施，保障施工人员的长期职业健康。

（2）合理布置施工场地，保护生活及办公区不受施工活动的有害影响。施工现场建立卫生急救、保健防疫制度，在安全事故和疾病疫情出现时提供及时救助。

（3）提供卫生、健康的工作与生活环境，加强对施工人员的住宿、膳食、饮用水等生活与环境卫生等管理，明显改善施工人员的生活条件。

（4）施工现场工作要协调连续，不混乱，节奏适宜。

（5）工作人员不仅要身体健康还要心理健康，要实行人性化管理。

三、绿色建筑施工管理的环境控制指标

绿色建筑施工管理的环境控制指标主要包括以下几方面。

(一)扬尘

在施工过程中,扬尘的处理是重中之重。目前市面上有许多测扬尘的仪器,如粉尘仪、扬尘监测仪、扬尘监测系统等。其中最好的是扬尘监测仪,它是专门测定扬尘浓度的仪器,误差较小。基于建筑施工过程中扬尘的特性,在选择仪器时规定测量仪器的误差应≤±10%;总粉尘质量浓度测量范围为 0～1 000 mg/m³。根据《绿色施工导则》,土方作业阶段,采取洒水、覆盖等措施,达到作业区目测扬尘高度小于 1.5 m,不扩散到场区外。在结构施工、安装装饰装修阶段,作业区目测扬尘高度小于 0.5 m。在场界四周隔挡高度位置测得的大气总悬浮颗粒物月平均质量浓度与城市背景值的差值不大于 0.08 mg/m³。因此,在施工过程中扬尘含量区间应控制在 0～0.38 mg/m³。

(二)噪声

施工单位应按《建筑施工场界环境噪声排放标准》(GB 12523—2011)的要求制订降噪措施。在城市建筑施工作业期间,要测量由建筑施工场地产生的噪声,建筑施工场地噪声限值白天为 70 dB,夜间为 55 dB。一般情况下不允许夜间施工,如果施工则不能超过执行限值的 15 dB。对噪声进行测量时,按照《建筑施工场界环境噪声排放标准》(GB 12523—2011),测量仪器选用积分声级计和噪声统计分析仪。

(三)光线

工地夜间实施场地平面照明或深基坑照明,其灯光照射的水平面应下斜,按照灯源高度及最近居民区之间的水平距离,计算出灯光的斜照角度,使其灯光边缘低于第一层窗沿高度,如果不

能满足其要求,至少应满足下斜角度≥20°。

在楼层内施工作业面实施照明,其灯光照射的水平面应下斜,尽量使灯光的光线不要照出窗外,一般情况下,下斜角度应≥30°。当以上测量值超过规定范围时需要采取降低光污染的措施。

(四)水污染

施工现场污水排放应达到《污水综合排放标准》(GB 8978—1996)的要求。在施工现场应针对不同的污水,设置相应的处理设施,如沉淀池、隔油池、化粪池等。污水排放应进行废水水质检测,提供相应的污水检测报告。采用隔水性小号的边坡支护技术保护地下水环境;为了避免地下水被污染,当基坑开挖抽水量较大时,应进行地下水回灌。对于化学品等有毒材料、油料的储存地,应有严格的隔水层设计,做好渗漏液收集和处理。

(五)土壤保护

要注意保护地表环境,防止土壤侵蚀、流失。因施工造成的裸土,及时覆盖砂石或种植速生草种,以减少土壤侵蚀;因施工造成容易发生地表径流土壤流失的情况,应采取设置地表排水系统、稳定斜坡、植被覆盖等措施,以减少土壤流失。施工后应恢复施工活动破坏的植被。对于有毒有害废弃物如电池、墨盒、油漆、涂料等应回收后处理,不能作为建筑垃圾外运,避免污染土壤和地下水。

(六)建筑垃圾处理

通过优化施工等方法,将建筑垃圾消灭在生产过程中或尽量减少垃圾的生产。对施工过程中的建筑垃圾要回收再利用,提高建筑垃圾的回收率。在建筑施工场地工作区安装封闭式的垃圾桶,生活垃圾必须做到袋装处理,并定时运出。同时对施工废弃物采取分类,汇集到施工场地的废物站再运到垃圾处理厂。

（七）节材与材料资源利用

对施工工艺进行改进,减少不必要的材料消耗,尽可能回收利用施工过程中产生的建筑废弃物;对施工材料进行科学管理,施工材料的选择既要符合绿色原则,又要尽可能地节约材料。推广使用预拌混凝土和商品砂浆,优化钢结构制作和安装方法,门窗采用密封性、保温隔热性能、隔音性能良好的装饰装修材料。优先选用制作、安装、拆除一体化的专业队伍进行模板工程施工。

（八）节水与水资源利用

施工中采用先进的节水施工工艺,安装节水型小流量的设备和器具,减少施工期间的用水量;在现场设置雨水、污水收集、沉淀处理池,经过处理的雨水、污水用于冲洗车辆、降尘、灌溉等;有效利用基础施工阶段的地下降水;施工现场分别对生活用水与工程用水确定用水定额指标,并分别计量管理。在非传统水源和现场循环再利用水的使用过程中,应制定有效的水质检测与卫生保障措施。

（九）节能和能源利用

在进行工艺和设备选型时,优先采用成熟、能源消耗低的工艺设备。对设备进行定期维修、保养,保证设备运转正常,保持低耗、高效的状态,合理安排工序,提高各种机械的使用率和满载率,降低各种设备的单位耗能。对现有的能耗大的工艺及设备逐步替代、淘汰。当施工机械及工地办公室的电器等闲置时应关掉电源。临时设施宜采用节能材料,墙体、屋面使用隔热性能好的材料。

四、绿色建筑施工管理的措施

科学管理与施工技术的进步是实现绿色施工的唯一途径。建立健全绿色建筑施工管理体系、制定严格的管理制度和措施、责任职责层层分配、实施动态管理、建立绿色施工评价体系是绿色建筑施工管理的基础和核心;制订切实可行的绿色施工技术措施则是绿色建筑施工管理的保障和手段。两者相辅相成,缺一不可。

(一)组织管理

组织管理是绿色建筑施工管理的基础。绿色施工是复杂的系统工程,它涉及设计单位、建设单位、施工企业和监理企业等,因此,要真正实现绿色施工就必须把涉及工程建设的方方面面、各个环节的人员统筹起来,建立以项目部为交叉点的横纵两个方向的绿色建筑施工管理体系。施工企业以企业、项目部、施工公司形成纵向的管理体系和以建设单位为牵头单位,由设计院、施工方、监理方参加的横向管理体系。施工企业是绿色施工的主体,是实现绿色施工的关键和核心。加强绿色施工的宣传和培训,建立纵向管理体系,成立绿色建筑施工管理机构,制定企业绿色建筑施工管理制度是企业实现绿色建筑施工管理的基础和重要环节。

(二)规划管理

规划管理主要是指编制执行总体方案和独立成章的绿色施工方案,实质是对实施过程进行控制,以达到设计所要求的绿色施工目标。

1.总体方案编制实施

建设项目总体方案的优劣直接影响到管理实施的效果,要实现绿色施工的目标,就必须将绿色施工的思想体现到总体方案中。同时,根据建筑项目的特点,在进行方案编制时,应该考虑各参建单位的下列因素。

(1)建设单位应向设计、施工单位提供建设工程绿色施工的相关资料,并保证资料的真实性和完整性;同时应组织协调参建各方的绿色建筑施工管理等工作。

（2）设计单位应根据建筑工程设计和施工的内在联系，按照建设单位的要求，将土建、装修、机电设备安装及市政设施等专业进行综合。同时，在开工前设计单位要向施工单位作整体工程设计交底，明确设计意图和整体目标。

（3）监理单位应对建设工程的绿色建筑施工管理承担监理责任，审查总体方案中的绿色专项施工方案及具体施工技术措施，并在实施过程中做好监督检查工作。

（4）实行施工总承包的建设工程，总承包单位应对施工现场绿色施工负总责，分包单位应服从总承包单位的绿色建筑施工管理，并对所承包工程的绿色施工负责。

2.绿色施工方案编制实施

在总体方案中，绿色施工方案应独立成章，将总体方案中与绿色施工有关的内容进行细化。

（1）应以具体的数值明确项目所要达到的绿色施工具体目标，比如材料节约率及消耗量、资源节约量、施工现场环境保护控制水平等。

（2）根据总体方案，提出建设各阶段绿色施工控制要点。

（3）根据绿色施工控制要点，列出各阶段绿色施工具体保证实施措施，如节能措施、节水措施、节材措施、节地与施工用地保护措施及环境保护措施。

（三）实施管理

实施管理是对绿色施工方案在整个施工过程中的策划、落实和控制，是实施绿色施工的重要环节，是绿色建筑施工管理的关键。实施管理内容包括以下几方面。

（1）明确绿色施工控制要点。结合工程项目的特点，将绿色施工方案中的绿色施工控制要点进行有针对性的宣传和交底，营造绿色施工的氛围。

(2)目标分解。绿色施工目标包括绿色施工方案目标、绿色施工技术目标、绿色施工控制要点目标以及现场施工过程控制目标等,可以按照施工内容的不同分为几个阶段,将绿色施工策划目标的限值作为实际操作中的目标值进行控制。

(3)实施动态管理。在施工过程中收集各个阶段绿色施工控制的实测数据,并定期将实测数据与控制目标进行比较,出现问题时,应及时分析偏离原因,确定纠正措施,将控制贯穿到各阶段的管理和监督之中,逐步实现绿色建筑施工管理目标。

(4)制定专项管理措施。根据绿色施工控制要点,制定各阶段绿色施工具体保证措施。

(四)技术措施

技术措施是施工过程中的控制方法和技术措施,是绿色施工目标实现的技术保障。绿色施工技术措施的制定应结合工程特点、施工现场实际情况及施工企业的技术能力,措施应有的放矢、切实可行。

1.结合"四节一环保"制定专项技术管理措施

将绿色施工技术要求融入工程施工工艺标准中,增加节材、节能、节水和节地的基本要求和具体措施。细化施工安全、保护环境的措施,满足绿色施工的要求。

2.大力推广应用绿色施工新技术

大型施工企业要逐步更新机械设备,发展施工图设计,把设计与施工紧密地结合起来,形成具有企业特色的专利技术。中小企业要积极引进、消化、应用先进技术和管理经验。

3.应用信息化技术

应用信息化技术来提高绿色建筑施工管理的水平。发达国家绿色施工采取的有效方法之一是信息化施工,这是一种依靠动态参数实施定量、动态施工管理的绿色施工方式。施工中工作量是动态变化的,施工资源的投入也将随之变化。要适应这样的变化,必须采用信息化技术,依靠动态参数,实施定量、动态的施工管理,以最少的资源投入完成工程任务,达到高效、低耗、环保的目的。

第五节　建筑工程绿色施工的技术

建筑工程设计是基础,施工是关键。即使设计是"绿色"的,如果忽视了施工环节,绿色特性也难以落实。相反,在施工中,如果加强绿色规划,即使设计有不到之处,也能随时加以建议、修改和完善。由于绿色建筑的实体形成于施工过程之中,建筑的绿色施工就成了建造生态建筑、健康建筑的关键所在。运用建筑工程绿色施工技术的目标就是选取最合适的传统的或者新的施工工艺以及技术来实现绿色建筑目标。以下主要说地基与基础结构绿色施工综合技术、主体结构的绿色施工综合技术、装饰工程的绿色施工综合技术、建筑安装工程绿色施工综合技术。

一、地基与基础结构绿色施工综合技术

地基与基础结构绿色施工综合技术主要有深基坑双排桩加旋喷锚桩支护的绿色施工技术、超深基坑开挖期间基坑监测的绿色施工技术。

(一)深基坑双排桩加旋喷锚桩支护的绿色施工技术

1. 双排桩加旋喷锚桩技术的适用条件

双排桩加旋喷锚桩基坑支护方案的选定须综合考虑工程的特点和周边的环境要求,在满足地下室结构施工以及确保周边建

筑安全可靠的前提下尽可能地做到经济合理,方便施工以及提高工效,其适用于如下情况。第一,基坑开挖面积大,周长长,形状较规则,空间效应非常明显,尤其应慎防侧壁中段变形过大。第二,基坑开挖深度较大,周边条件各不相同,差异较大,有的侧壁比较空旷,有的侧壁条件较复杂;基坑设计应根据不同的周边环境及地质条件进行设计,以实现"安全、经济、科学"的设计目标。第三,基坑开挖范围内如基坑中下部及底部存在粉土、粉砂层,一旦发生流沙,基坑稳定将受到影响。第四,地下水主要为表层素填土中的上层滞水以及表 6-1 中 3−1 层、3−2 层土中赋存的微承压水,应做好基坑止水降水措施。

其所适应的地质特征可参考表 6-1 中粉土夹粉质黏土层和粉土−粉砂层中的地下水,属微承压水(为同一含水层),透水性强。

表6-1　适用该绿色施工技术的各土层物理力学指标

土层名称	天然重度/ (kN/m^3)	渗透系数/(cm/s)		固结快剪		三轴 UU	
		K_V	K_H	c/kPa	φ/°	c/kPa	φ/°
1层 素填土	16.0	—		10	10	—	—
2−1层粉质黏土	19.5	7.0×10^{-7}	5.0×10^{-7}	55.3	16.6	83.8	6.6
2−2层 粉质黏土夹粉土	19.0	5.0×10^{-6}	8.0×10^{-6}	31.7	14.4	51.2	4.6
3−1层 粉土夹粉质黏土	18.5	6.0×10^{-5}	2.0×10^{-5}	15.6	13.3	(31.0)	(2.6)
3−2层粉土−粉砂	18.5	3.0×10^{-4}	2.0×10^{-4}	12.5	17.5	32.2	2.3

2. 双排桩加旋喷锚桩支护技术

(1)钻孔灌注桩结合水平内支撑支护技术

水平内支撑可采用东西对撑并结合角撑的形式布置,该技术方案对周边环境影响较小,但该方案有两个问题不利:一是没有施工场地;二是施工工期延长,内支撑的浇筑、养护、土方开挖及后期拆撑等施工工序均增加施工周期,建设单位无法接受。

(2)单排钻孔灌注桩结合多道旋喷锚桩支护技术

锚杆体系除常规锚杆以外还有一种比较新型的锚杆形式叫加筋水泥土桩锚。加筋水泥土是指插入加劲体的水泥土,加劲体可采用金属的或非金属的材料。它采用专门机具施作,直径200～1 000 mm,可为水平向、斜向或竖向的等截面、变截面或有扩大头的桩锚体。加筋水泥土桩锚支护是一种有效的土体支护与加固技术,其特点是钻孔、注浆、搅拌和加筋一次完成。适用于砂土、黏性土、粉土、杂填土、黄土、淤泥、淤泥质土等土层中的基坑支护和土体加固。加筋水泥土桩锚可有效解决粉土、粉砂中锚杆施工困难问题,且锚固体直径远大于常规锚杆锚固体直径,所以可提供锚固力大于常规锚杆。

该技术可根据建筑设计的后浇带的位置分块开挖施工,场地有足够的施工作业面,并且相比内支撑可节约一定的工程造价。该技术不利的一点是若采用"单排钻孔灌注桩结合多道旋喷锚桩"支护形式,加筋水泥土桩锚下层土开挖时,上层的斜桩锚必须有14天以上的养护时间并已张拉锁定,多道旋喷锚桩的施工对土方开挖及整个地下工程施工会造成一定的工期影响。

(3)双排钻孔灌注桩结合一道旋喷锚桩支护技术

双排桩支护形式前后排桩拉开一定距离,各自分担部分土压力,两排桩桩顶通过刚度较大的压顶梁连接,由刚性冠梁与前后排桩组成一个空间超静定结构,整体刚度很大,加上前后排桩形成与侧压力反向作用的力偶的原因,使双排桩支护结构位移相比单排悬臂桩支护体系明显减少。但纯粹双排桩悬臂支护形式相比桩锚支护体系变形较大,且对于深11 m基坑很难有安全保证。综合考虑,为了既加快工期又保证基坑侧壁安全,采用"双排钻孔灌注桩结合一道旋喷锚桩"的组合支护形式。

3.基坑支护设计技术

(1)深基坑支护设计计算

双排钻孔灌注桩结合一道旋喷锚桩的组合支护形式是一种新型的支护形式,该类支护形式目前的计算理论尚不成熟,根据理论计算结果,结合等效刚度法和分配土压力法进行复核计算,以确保基坑安全。

等效刚度法理论基于抗弯刚度等效原则,将双排桩支护体系等效为刚度较大的连续墙,这样,双排桩十锚桩支护体系就等效为"连续墙＋锚桩"的支护形式,采用弹性支点法计算出锚桩所受拉力。根据土压力分配理论,前后排桩各自分担部分土压力,土压力分配比根据前后排桩桩间土体积占总的滑裂面土体体积的比例计算,假设前后排桩排距为 L,土体滑裂面与桩顶水平面交线至桩顶距离为 L_0,则前排桩土压力分配系数 $\alpha_r = 2L/L_0 - (L/L_0)^2$。将土压力分别分配到前后排桩上,则前排桩可等效为围护桩结合一道旋喷锚桩的支护形式,按桩锚支护体系单独计算。后排桩通过刚性压顶梁与前排桩连接,因此后排桩桩顶作用有一个支点,可按围护桩结合一道支撑计算,该方法可分别计算出前后排桩的内力,弥补等效刚度法计算的不足。通过以上两种方法对理论计算结果进行校核,得到最终的计算结果,进行围护桩的配筋与旋喷锚桩的设计。

(2)基坑支护设计

基坑支护采用上部放坡 2.3 m＋花管土钉墙,下部前排 ϕ 800@1 500 钻孔灌注桩、后排声 ϕ 700@1 500 钻孔灌注桩＋一道旋喷锚桩支护形式,前后排排距 2 m,如图 6-3 所示,双排桩布置形式采用矩形布置,灌注桩及压顶冠梁与连梁混凝土设计强度等级均为 C30。地下水的处理采取 ϕ 850@600 三轴搅拌桩全封闭止水结合坑内疏干井疏干的地下水处理技术方案。

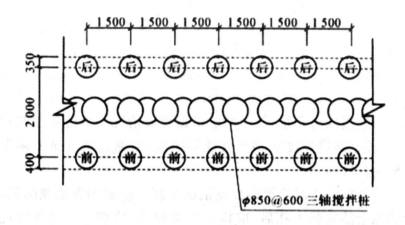

图 6-3 双排桩平面布置示意图

旋喷锚桩的直径为 $\phi 500$,长 24 m,内插 3～4 根 $\phi 15.2$ 钢绞线,钢绞线端头采用 $\phi 150 \times 10$ 钢板锚盘,钢绞线与锚盘连接采用冷挤压方法,注浆压力为 29 MPa,向下倾斜 15°/20°交替布置,设计抗拉力为 58÷1.625＝35.69(MPa)。

在双排钻孔灌注桩顶用刚性冠梁连接,由冠梁与前后排桩组成一个空间门架式结构体系,这种结构具有较大的侧向刚度,可以有效地避免支护结构的侧向变形,冠梁需具有足够的强度和刚度。

(3)支护体系的内力变形分析

基坑开挖必然会引起支护结构变形和坑外土体位移,在支护结构设计中预估基坑开挖对环境的影响程度并选择相应措施,能够为施工安全和环境保护提供理论指导。

4.基坑支护绿色施工技术

(1)钻孔灌注桩绿色施工技术

基坑钻孔灌注桩混凝土强度等级为水下 C30,压顶冠梁混凝土等级 C30,灌注桩保护层为 50 mm;冠梁及连梁结构保护层厚度为 30 mm;灌注桩沉渣厚度不超过 100 mm,充盈系数 1.05～1.15,桩位偏差不大于 100 mm,桩径偏差不大于 50 mm,桩身垂直度偏差不大于1/200。钢筋笼制作应仔细按照设计图纸避免放样错误，并同时满足国家相关规范要求。灌注桩钢筋采用焊接接头，单面焊10 d，双面焊 5 d，同一截面接头不大于 50%，接头间相互错开35 d，坑底上下各 2 m 范围内不得有钢筋接头，纵筋锚入压顶冠梁或连梁内直锚段不小于 0.6lab，90°弯锚度不小于 12 d。为保证粉土粉砂层成桩质量，施工时应根据地质情况采取优质泥浆护壁成孔、调整钻进速度和钻头转速等措施，或通过成孔试验确保围护桩跳打成功。

灌注桩施工时应严格控制钢筋笼制作质量和钢筋笼的标高，钢筋笼全部安装入孔后，应检查安装位置，特别是钢筋笼在坑内侧和外侧配筋的差别，确认符合要求后，将钢筋笼吊筋固定，固定必须牢固、有效。混凝土灌注过程中应防止钢筋笼上浮和低于设计标高。

（2）旋喷锚桩绿色施工技术

基坑支护设计加筋水泥土桩锚采用旋喷桩，考虑到对被保护周边环境等的重要性，施工的机具为专用机具——慢速搅拌中低压旋喷机具。旋喷锚桩施工应与土方开挖紧密配合，正式施工前应先开挖按锚桩设计标高为准低于标高面向下 300 mm 左右、宽度为不小于 6 m 的锚桩沟槽工作面，施工示意如图 6-4 所示。

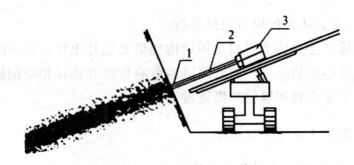

图 6-4　钻机沟槽内施工示意图

1—钢绞线；2—钻杆（旋喷杆）；3—钻机

旋喷锚桩施工应采用钻进、注浆、搅拌、插筋的方法。水泥浆采用 42.5 级普通硅酸盐水泥，水泥掺入量 20%，水灰比 0.7（可视现场土层情况适当调整），水泥浆应拌和均匀，随拌随用，一次拌合的水泥浆应在初凝前用完。旋喷搅拌的压力为 29 MPa，旋喷喷杆提升速度为 20～25 cm/min，直至浆液溢出孔外，旋喷注浆应保证扩大头的尺寸和锚桩的设计长度。锚筋采用 3～4 根 ϕ15.2 预应力钢绞线制作，每根钢绞线抗拉强度标准值为 1 860 MPa，每根钢绞线由 7 根钢丝铰合而成，桩外留 0.7m 以便张拉。钢绞线穿过压顶冠梁时自由段钢绞线与土层内斜拉锚杆要成一条直线，自由段部位钢绞线需加 ϕ60 塑料套管，并做防锈、防腐处理。锚桩自由段连接如图 6-5 所示。

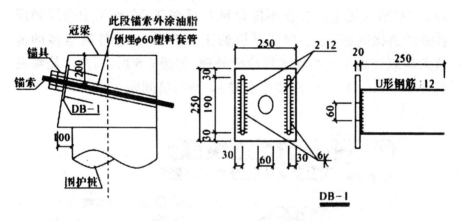

图 6-5　锚桩自由段连接大样图

在压顶冠梁及旋喷桩强度达到设计强度 75% 后用锚具锁定钢绞线，锚具采用 OVM 系列，锚具和夹具应符合《预应力筋用锚具、夹具和连接器应用技术规程》(JGJ 85—2010)，张拉采用高压油泵和 100 吨穿心千斤顶。

5.地下水处理的绿色施工技术

(1)三轴搅拌桩全封闭止水技术

基坑侧壁采用三轴深层搅拌桩全封闭止水，32.5 复合水泥，水灰比 1.3，桩径 850 mm，搭接长度 250 mm，水泥掺量 20%，28 d 抗压强度不小于 1.0 MPa，坑底加固水泥掺量 12%。三轴搅拌施工按顺序进行，其中阴影部分（见图 6-6 中的已施工的水泥搅拌桩)为重复套钻,保证墙体的连续性和接头的施工质量,保证桩与桩之间充分搭接,以达到止水目的。施工前做好桩机定位工作,桩机立柱导向架垂直度偏差不大于1/250。相邻搅拌桩搭接时间不大于15 h,因故搁置超过2 h以上的拌制浆液不得再用。

三轴搅拌桩在下沉和提升过程中均应注入水泥浆液,同时严格控制下沉和提升速度。根据设计要求和有关技术资料规定,搅拌下沉速度宜控制在0.5~1 m/min,提升速度宜控制在1~1.5 m/min,但在粉土、粉砂层提升速度应控制在0.5 m/min以内,并视不同土层实际情况控制提升速度。若基坑工程相对较大,三轴水泥土搅拌桩不能保证连续施工,在施工中会遇到搅拌桩的搭接问题,为了保证基坑的止水效果,在搅拌桩搭接的部位采用双管高压旋喷桩进行冷缝处理,如图6-6所示,高压旋喷桩桩径600 mm,桩底标高和止水帷幕一样,桩间距350 mm。

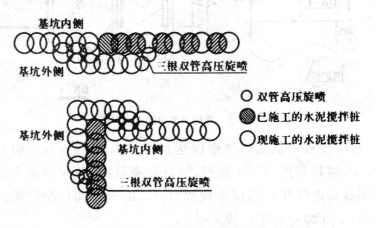

图6-6 双管高压旋喷桩冷缝处理示意图

(2)坑内管井降水技术

基坑内地下水采用管井降水,内径400 mm,间距约20 m。管井降水设施在基坑挖土前布置完毕,并进行预抽水。

管井施工工艺流程:井管定位→钻孔、清孔→吊放井管→回填滤料、洗井→安装深井降水装置→调试→预降水→随挖土进程分节拆除井管,管井顶标高应高于挖土面标高2 m左右→降水至坑底以下1m→坑内布置盲沟,坑内管井由盲沟串联成一体,坑内管井管线由垫层下盲沟接出排至坑外→基础筏板混凝土达到设计强度后根据地下水位情况暂停部分坑中管井的降排水→地下室坑外回填完成停止坑边管井的降水→退场。

管井采用极坐标法精确定位,避开桩位,并避开挖土主要运输通道位置,严格做好管井的布置质量以保证管井抽水效果,管井抽水潜水泵根据水位自动控制。

(二)超深基坑开挖期间基坑监测的绿色施工技术

1.超深基坑监测绿色施工技术特点

超深基坑施工通过人工形成一个坑周挡土、隔水界面,由于水土物理性能随空间、时间变化很大,对这个界面结构形成了复杂的作用状态。水土作用、界面结构内力的测量技术复杂,费用高,该技术用变形测量数据,利用建立的力学计算模型,分析得出当前的水土作用和内力,用以进行基坑安全判别。超深基坑施工监测具有时效性、高精度性、等精度性的特点。

(1)时效性:基坑监测通常是配合降水和开挖过程,有鲜明的时间性。测量结果是动态变化的,一天以前的测量结果都会失去直接的意义,因此超深基坑施工中监测需随时进行,通常是每天 1 次,在测量对象变化快的关键时期,可能每天需进行数次。

(2)高精度性:由于正常情况下超深基坑施工中的环境变形速率可能在 0.1 mm/d 以下,要测到这样的变形精度,就要求超深基坑施工中的测量采用一些特殊的高精度仪器。

(3)等精度性:基坑施工中的监测通常只要求测得相对变化值,而不要求测量绝对值。超深基坑监测要求尽可能做到等精度,要求使用相同的仪器,在相同的位置上,由同一观测者按同一方案施测。

2.超深基坑监测绿色施工技术的工艺流程

超深基坑监测绿色施工技术适用于开挖深度超过 5 m 的深

基坑开挖过程中围护结构变形及沉降监测,周边环境包括建筑物、管线、地下水位、土体等变形监测,基坑内部支撑轴力及立柱等的变形监测。超深基坑监测绿色施工技术的工艺流程如图 6-7 所示。

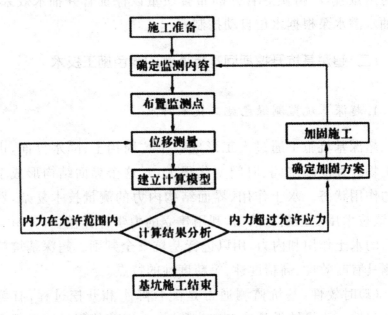

图 6-7　超深基坑监测绿色施工技术的工艺流程

3.超深基坑监测绿色施工技术的技术要点

（1）监测点的布设

监测点布设合理方能经济有效,监测项目必须根据工程的需要和基地的实际情况而定。在确定监测点的布设前,必须知道基地周边的环境条件、地质情况和基坑的围护设计方案,再根据以往的经验和理论的预测来考虑监测点的布设范围和密度。

能埋的监测点应在工程开工前埋设完成,并应保证有一定的稳定期,在工程正式开工前,各项静态初始值应测取完毕。

（2）周边环境监测点的埋设

周边环境监测点埋设按现行国家有关规范的要求,常规为基坑开挖深度的 3 倍范围内的地下管线及建筑物进行监测点的埋设。监测点埋设一般原则为:管线取最老管线、硬管线、大管线,尽可能取露出地面的如阀门、消防栓、窨井作监测点,以便节约费用。

(3)基坑围护结构监测点的埋设

基坑围护墙顶沉降及水平位移监测点埋设:在基坑围护墙顶间隔 10~15 m 埋设长 10 cm、顶部刻有"十"字丝的钢筋作为垂直及水平位移监测点。

围护桩身测斜孔埋设:根据基坑围护实际情况,考虑基坑在开挖过程中坑底的变形情况,测斜管应根据地质情况,埋设在那些比较容易引起塌方的部位,一般按平行于基坑围护结构以20~30 m 的间距布设,测斜管采用内径 60 mm 的 PVC 管。测斜管与围护灌注桩或地下连续墙的钢筋笼绑扎在一道,埋深约与钢筋笼同深,接头用自攻螺丝拧紧,并用胶布密封,管口加保护钢管,以防损坏。

坑外水位测量孔埋设:水位监测管的埋设应根据地下水文资料,在含水量大和渗水性强的地方,在紧靠基坑的外边,以 20~30 m 的间距平行于基坑边埋设。水位孔埋设方法如下:用 30 型钻机在设计孔位置钻至设计深度,钻孔清孔后放入 PVC 管,水位管底部使用透水管,在其外侧用滤网扎牢并用黄沙回填孔。

支撑轴力监测点埋设:支撑轴力监测利用应力计,它须在围护结构施工时请施工单位配合安装,一般选方便的部位,选几个断面,每个断面装两个应力计,以取平均值;应力计必须用电缆线引出,并编好号。

土压力和孔隙水压力监测点埋设:土压力计要随基坑围护结构施工时一起安装,注意它的压力面须向外;每孔埋设土压力盒数量根据挖深而定,每孔第一个土压力盒从地面下 5 m 开始埋设,以后沿深度方向间隔 5 m 埋设一只,采用钻孔法埋设。根据力学原理,压力计应安装在基坑隐患处的围护桩的侧向受力点。孔隙水压力计的安装,须用到钻机钻孔,在孔中可根据需要按不同深度放入多个压力计,再用干燥黏土球填实,待黏土球吸足水后,便将钻孔封堵好。这两种压力计的安装,都须注意引出线的编号和保护。

基坑回弹孔埋设:在基坑内部埋设,每孔沿孔深间距 1 m 放一个沉降磁环或钢环。土体分层沉降仪由分层沉降管、钢环和电感探测三部分组成。分层沉降管由波纹状柔性塑料管制成,管外每隔一定距离安放一个钢环,地层沉降时带动钢环同步下沉,将分层沉降管通过钻孔埋入土层中,采用细沙细心回填密实。埋设时须注意波纹管外的钢环不要被破坏。

基坑内部立柱沉降监测点埋设:在支撑立柱顶面埋设立柱沉降监测点,在支撑浇筑时预埋长约 100 mm 的钢钉。

测点布设好以后必须绘制在地形示意图上,各测点须有编号,为使点名一目了然,各种类型的测点要冠以点名。

(4)监测技术要求及监测方法

测量精度:按现行国家有关规范的要求,水平位移测量精度不低于 ± 1.0 mm,垂直位移测量精度不低于 ± 1.0 mm。水平位移测量要求水平位移监测点的观测采用 WildT2 精密经纬仪进行,一般最常用的方法是偏角法。

垂直位移测量:基坑施工对环境的影响范围为坑深的 $3 \sim 4$ 倍,因此,沉降观测的后视点应选在施工的影响范围之外;后视点不应少于两点。沉降观测的仪器应选用精密水准仪,按二等精密水准观测方法测二测回,测回校差应小于 ± 1 mm。地下管线、地下设施、地面建筑都应在基坑开工前测取初始值,在开工期间,应根据需要不断测取数据,从几天观测一次到一天观测几次。测量过程中"固定观测者、固定测站、固定转点",严格按国家二级水准测量的技术要求施测。

围护墙体侧向位移斜向测量:测斜管的管口必须每次用经纬仪测取位移量,再用测斜仪测取地下土体的侧向位移量,测斜管内位移用测斜仪滑轮沿测斜管内壁导槽渐渐放至管底,自下而上每 1 m 或 0.5 m 测定一次读数,然后测头旋转 180° 再测一次,即为一测回,由此推算测斜管内各点位移值,再与管口位移量比较即可得出地下土体的绝对位移量。位移方向一般应取直接的或经换算过的垂直基坑边方向上的分量。

地下水位观测要求首次必须测取水位管管口的标高,从而可测得地下水位的初始标高,由此计算水位标高。

支撑轴力量测要求埋设于支撑上的钢筋计或表面计须与频率接受仪配合使用,组成整套量测系统,由现场测得的数据,按给定的公式计算出其应力值,各观测点累计变化量等于实时测量值与初始值的差值;本次测量值与上一次测量值的差值为本次变化量。

土压力测试:用土压力计测得土压力传感器读数,由给定公式计算出土压力值。

监测数据处理:监测数据必须填写在为该项目专门设计的表格上。所有监测的内容都须写明:初始值、本次变化量、累计变化量。工程结束后,应对监测数据,尤其是对报警值的出现进行分析,绘制曲线图,并编写工作报告。根据预先确定的监测报警值,对监测数据超过报警值的,报告上必须加盖红色报警章。

(5)监测报警值的分析

在工程监测中,每一项监测的项目都应该根据工程的实际情况、周边环境和设计计算书,事先确定相应的监控报警值。

监控报警值确定的依据是基坑侧壁的安全等级,根据《建筑基坑支护技术规程》(JGJ 120—2012)规定,按照破坏后果的严重性,基坑侧壁的安全等级划分为三个等级,一般设计均对基坑的安全等级进行了规定。

各项监测指标报警值的确定应依照以下原则进行:第一,满足设计计算的要求,不能大于设计值;第二,满足监测对象的安全要求,达到保护的目的;第三,对于相同条件的保护对象,应该结合周围环境的要求和具体的施工情况综合确定;第四,满足现行的有关规范、规程的要求;第五,在保证安全的前提下,综合考虑工程质量和经济等因素,减少不必要的资金投入。一般情况下,每个项目的监控报警值由两个部分组成，即累计允许变化量和单位时间内允许变化量。监测报警值应根据具体的工程设计、周边环境条件确定。

（6）监测频率的确定

为取得基准数据，各监测点在施工前，随施工进度及时设置，并及时测得初始值，而施工监测频率根据施工工况，合理安排观测时间。典型工程监测频率如表 6-2 所示。

表 6-2　某典型工程深基坑数据监测结果

监测项目	灌注桩施工	连续墙施工	坑内降水	大开挖至底板浇捣	底板浇捣后至±0.00
周边建筑物及地下管线	1次/周	1次/天	1次/3天	1次/天	1次/周
围护桩顶位移连续墙顶位移	—	—	—	1次/天	1次/周
围护桩测斜连续墙测斜	—	—	—	1次/天	1次/周
地下水位	—	—	1次/天	1次/天	1次/周
支撑轴力	—	—	—	1次/天	1次/周
土压力	—	—	—	1次/天	1次/周
基坑回弹	—	—	—	底层开挖1次/天	—
主楼立柱沉降	—	—	—	1次/天	—
裙楼立柱沉降	—	—	—	—	1次/5天

说明：①监测将采用定时观测的方法进行，监测范围为施工影响区域；②监测频率可根据监测数据变化大小进行适当调整；③监测数据有突变时，监测频率加密到每天 2～3 次，支撑拆除时加强监测。

4.超深基坑监测绿色施工技术的环境保护

测量作业完毕后，对临时占用、移动的施工设施应及时恢复原状，并保证现场清洁，仪器应存放有序，电器、电源必须符合规定和要求,严禁私自乱接电线;做好设备保洁工作,清洁进场,作业完毕到指定地点进行仪器清理整理;所有作业人员应保持现场卫生,生产及生活垃圾均装入清洁袋集中处理,不得向坑内丢弃物品。

二、主体结构的绿色施工综合技术

主体结构的绿色施工综合技术主要有大吨位 H 型钢插拔的绿色施工技术、大体积混凝土结构的绿色施工技术、多层大截面十字钢柱的绿色施工技术、预应力钢结构的绿色施工技术、复合桁架楼承板的绿色施工技术。限于篇幅,以下重点说前两种。

(一)大吨位 H 型钢插拔的绿色施工技术

1.大吨位 H 型钢下插前期准备

围护设计在部分重力宽度不够处可采用在双轴搅拌桩内插入 H700×300×13×24 型钢,局部重力坝内插 14♯a 槽钢,特殊区域采用 H700×300×13×24 型钢。双轴搅拌桩与三轴搅拌桩同样为通过钻杆强制搅拌土体,同时注入水泥浆。H 型钢必须借助外力辅助下插,可选用 PC450 机械手辅助下插,SMW 三轴搅拌桩内插 H 型钢采用吊车定位后依靠 H 型钢自重下插的方式,H 型钢下插应在搅拌桩施工后 3h 内进行,为方便 H 型钢今后回收,H 型钢下插前表面须涂刷减摩剂。

2.大吨位 H 型钢插拔绿色施工工艺流程

大吨位 H 型钢插拔绿色施工工艺流程如图 6-8 所示。

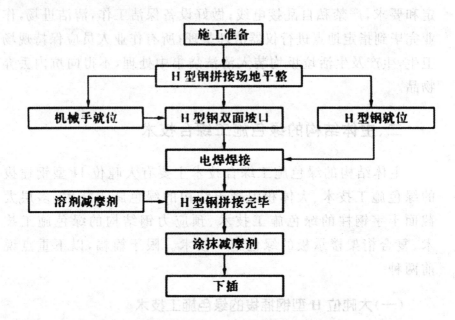

图 6-8 大吨位 H 型钢插拔绿色施工工艺流程

3. H 型钢加工制作绿色施工技术

根据设计所要求的 H 型钢长度,部分型钢长度均在定尺范围内宜采用整材下插,游泳池区域型钢长度较大,故采用对接的形式已达到设计长度要求,对接型钢采用双面坡口的焊接方式,焊接质量均按《钢结构质量验收规范》(GB 50205—2011)执行,所投入焊接材料为 E43 型焊条以上,以确保质量要求。

根据设计要求,支护结构的 H 型钢在结构强度达到设计要求后必须全部拔出回收。H 型钢在使用前必须涂刷减摩剂,以利拔出,一旦发现涂层开裂、剥落,必须将其铲除并重新涂刷减摩剂。

4. H 型钢下插技术要点

考虑到搅拌桩施工用水泥为 42.5 级水泥,凝固时间较短,型钢下插应在双轴搅拌桩施工完毕后 30 min 内进行,机械手应在搅拌桩施工出一定工作面后就位,准备下插 H 型钢。

采用土工法 H 型钢下插,即双轴搅拌桩内插 H 型钢采用 PC450 机械手把型钢夹起后吊到围护桩中心灰线上空,两辅助工用夹具辅助机械手对好方向,再沿 H 型钢中心灰线插入土体,下插过程中采用机械手的特性进行震动下插。

SMW 工法 H 型钢下插,要求型钢下插应在三轴搅拌桩施工完毕后 30 min 内进行,吊机应在搅拌提升过程中已经就位,准备吊放 H 型钢。H 型钢使用前,在距型钢顶端处开一个中心圆孔,孔径约 8 cm,并在此处型钢两面加焊厚≥12 mm 的加强板,中心开孔与型钢上孔对齐。根据甲方提供的高程控制点,用水准仪引放到定位型钢上,根据定位型钢与 H 型钢顶标高的高度差确定吊筋长度,在型钢两腹板外侧焊好吊筋≥ ϕ 12 线材,误差控制在±3 cm 以内。型钢插入水泥土部分均匀涂刷减摩剂。

H 型钢的成型要求待水泥搅拌桩达到一定硬化后,将吊筋以及沟槽定位卡拆除,以便反复利用,节约资源。垂直度偏差下插过程中,H 型钢垂直度采用吊线锤结合人为观测垂直控制下插。若出现偏差,土工法通过机械手调整大臂方位随时修正,直至下插完毕,SMW 工法区域采用起拔 H 型钢重新定位后再次下插。H 型钢标高根据甲方提供的高程控制点,用水准仪控制 H 型钢标高,其所对应的质量标准如表 6-3 所示。

表 6-3　H 型钢质量检验标准

序号	检查项目	允许偏差或允许值	检查方法
1	型钢长度	±10 mm	用钢卷尺量
2	型钢垂直度	≤1/200	经纬仪
3	型钢底标高	−30 mm 设计要求−30 cm	水准仪
4	型钢插入平面位置	50 mm(平行于基坑边线) 10 mm(垂直于基坑边线)	用钢卷尺量

(二)大体积混凝土结构的绿色施工技术

1.大体积混凝土结构绿色施工综合技术的特点

大体积混凝土结构绿色施工综合技术的特点主要体现在以下几方面。第一,采用面向顶、墙、地三个界面不同构造尺寸特征的整体分层、分向连续交叉浇筑的施工方法和全过程的精细化温控与养护技术,解决了大壁厚混凝土易开裂的问题,较传统的施工方法可大幅度提升工程质量及抗辐射能力。第二,采取一个方向、全面分层、逐层到顶的连续交叉浇筑顺序,浇筑层的设置厚度以 450 mm 为临界,重点控制底板厚度变异处质量,设置成 A 类质量控制点。第三,采取柱、梁、墙板节点的参数化支模技术,精细化处理节点构造质量,可保证大壁厚顶、墙和地全封闭一体化防辐射室结构的质量。第四,采取设置紧急状态下随机设置施工缝的措施,且同步铺不大于 30 mm 的同配比无石子砂浆,可保证混凝土接触处的强度和抗渗指标。

2.大体积混凝土结构绿色施工工艺流程

大壁厚的顶、墙和地全封闭一体化防辐射室的施工以控制模板支护及节点的特殊处理、大体量防辐射混凝土的浇筑及控制为关键,其展开后的施工工艺流程如图 6-9 所示。

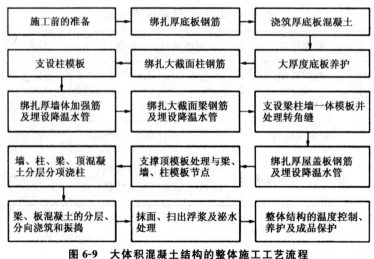

图 6-9 大体积混凝土结构的整体施工工艺流程

3.大体积混凝土结构绿色施工技术要点

(1)大体积厚底板的施工要点

橡胶止水带施工时先做 1 条 100 mm×100 mm 的橡胶止水带,可避免混凝土浇筑时模板与垫层面的漏浆、泛浆。考虑厚底板钢筋过于密集,快易收口网需要一层层分步安装、绑扎,为保证此部位模板的整体性,单片快易收口网高度为 3 倍钢筋直径,下片在内,上片在外,最底片塞缝带内侧。为增大快易收口网的整体性与其刚度,安装后,在结构钢筋部位的快易收口网外侧(后浇带一侧)附一根直径为 12 mm 的钢筋与其绑扎固定。厚底板采用分层连续交叉浇筑施工,特别是在厚度变异处,每层浇筑厚度控制在 400 mm 左右,模板缝隙和孔洞应保证严实。

(2)钢筋绑扎技术要点

厚墙体的钢筋绑扎时应保证水平筋位置准确,绑扎时先将下层伸出钢筋调直顺,然后再绑扎解决下层钢筋伸出位移较大的问题。门洞口的加强筋位置,应在绑扎前根据洞口边线采用吊线找正方式,将加强筋的位置进行调整,以保证安装精度。大截面柱、大截面梁以及厚顶板的绑扎可依据常规进行。

(3)降温水管埋设技术要点

按墙、柱、顶的具体尺寸,采用"2"钢管预制成回形管片,管间距设定为 500 mm 左右,管口处用略大于管径的钢板点焊做临时封堵。在钢筋绑扎时,按墙、柱、顶厚度大小,分两层预埋回形管片,用短钢筋将管片与钢筋焊接固定,其循环水管的布置形状可参考图 6-10 所示。

(4)柱、梁、板和墙交叉节点处模板支撑技术要点

满足交叉节点的支模要求梁的负弯矩钢筋和板的负弯矩钢筋,宜高出板面设计标高,增加 50~70 mm 防辐射混凝土浇捣后局部超高。按最大梁高降低主梁底面标高,在主梁底净高允许条件下将主梁底标高下降 30~50 mm,可满足交叉节点支模的尺寸及绿色施工综合技术和应用度,实现参数化的模板支撑。降低次

梁底面标高,将不同截面净高允许的其他交叉次梁的梁底标高下
降 30~40 mm,次梁的配筋高度不变,主梁完全按设计标高施工,
可满足交叉节点参数化精确支模的要求。墙模板的转角接缝处、
顶板模板与梁墙模板的接缝处和墙模板接缝处等逐缝平整粘贴
止水胶带,可解决无缝施工的技术问题。

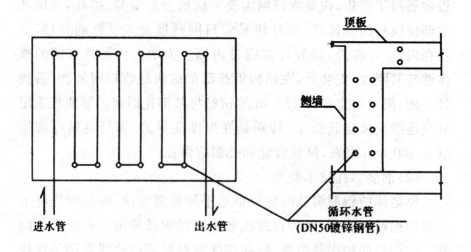

图 6-10　大体积混凝土浇筑过程中循环水管布置示意图

(5)大壁厚墙体的分层交叉连续浇筑技术要点

大壁厚墙体防辐射混凝土采用分层、交叉浇筑施工,每层浇
筑厚度控制在 500 mm 左右,按照由里向外的顺序展开,其大体积
混凝土浇筑过程的示意如图 6-11 所示。浇筑混凝土时实时监测
模板、支架、钢筋、预埋件和预留孔洞的情况,当发生变形位移时
立即停止浇筑,并在已浇筑的防辐射混凝土初凝前修整完好。

(6)大壁厚顶板的分层交叉连续浇筑技术要点

厚顶板混凝土浇筑按照"一个方向、全面分层、逐层到顶"的
施工法,即将结构分成若干个 450 mm 厚度相等的浇筑层,浇筑混
凝土时从短边开始,沿长边方向进行浇筑,在逐层浇筑过程中第
二层混凝土要在第一层混凝土初凝前浇筑完毕。

混凝土上、下层浇筑时应消除两层之间的接缝,在振捣上层
混凝土时要在下层混凝土初凝之前进行,每层作业面分前、后两

排振捣,第一道布置在混凝土卸料点,第二道设置在中间和坡角及底层钢筋处,应使混凝土流入下层底部以确保下层混凝土振捣密实。浇筑过程中采用水管降温,采用地下水做自然冷却循环水,并定期测量循环水温度。

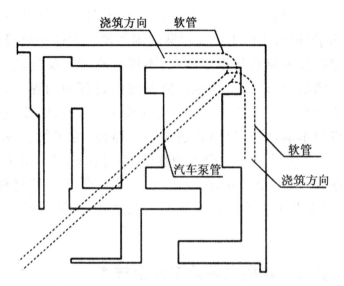

图 6-11　大体积混凝土分层浇筑过程示意图

浇筑振捣过程中振捣延续时间以混凝土表面呈现浮浆和不再沉落、气泡不再上浮来控制,振捣时间避免过短和过长,一般为 15～30 s,并且在 20～30 min 后对其进行二次复振。振捣过程中严防漏振、过振造成混凝土不密实、离析的现象。

混凝土振捣和表面刮平抹压 1～2 h 后,在混凝土初凝前,在混凝土表面进行二次抹压,消除混凝土干缩、沉缩和塑性收缩产生的表面裂缝,以增强混凝土的内部密实度。浇筑过程中拉线,随时检查混凝土标高。

(7)紧急状态下施工缝的随机预留技术要点

若在施工中出现异常情况又无法及时进行处理,防辐射商品混凝土不能及时供应浇筑时需要随机留设施工缝。在施工缝外插入模板将其后混凝土振捣密实,下次浇筑前将接触处的混凝土凿掉,表面做凿毛处理,铺设遇水膨胀止水条,并铺不大于 30 mm 同配比无石子砂浆,以保证防辐射混凝土接触处强度和抗渗指标。

4.大体积混凝土结构绿色施工技术的环境保护措施

建立健全"三同时"制度①,全面协调施工与环保的关系,不超标排污。实行门前"三包"环境保洁责任制,场地道路硬化并在晴天经常洒水,可防止尘土飞扬污染周围环境。大体积混凝土振捣过程中振捣棒不得直接振动模板,不得有意制造噪音,禁止机械车辆高声鸣笛,采取消音措施以降低施工过程中的噪音,实现对噪音污染的控制。施工中产生的废泥浆先沉淀过滤,废泥浆和淤泥使用专门车辆运输,以防止遗撒污染路面,废浆须运输至业主指定地点。汽车出入口应设置冲洗槽,对外出的汽车用水枪将其冲洗干净,确认不会对外部环境产生污染。装运建筑材料、土石方、建筑垃圾及工程渣土的车辆须装载适量,保证行驶中不污染道路环境。

三、装饰工程的绿色施工综合技术

装饰工程的绿色施工综合技术主要有室内顶墙一体化呼吸式铝塑板饰面的绿色施工技术、门垛构造改进调整及直接涂层墙面的绿色施工技术、轻骨料混凝土内空隔墙的绿色施工技术、新型花岗岩饰面保温一体板外墙外保温的绿色施工技术、树形特殊石材幕墙的节材设计与绿色施工技术、圆弧曲面玻璃幕墙绿色施工技术、太阳能幕墙整体安装与调试的绿色施工技术、节能型复合铝板墙的绿色施工技术、异形铝板幕墙的绿色施工技术等。以下重点说圆弧曲面玻璃幕墙绿色施工技术、太阳能幕墙整体安装与调试的绿色施工技术。

① 根据我国 2015 年 1 月 1 日开始施行的《环境保护法》第 41 条规定:建设项目中防治污染的设施,应当与主体工程同时设计、同时施工、同时投产使用。

（一）圆弧曲面玻璃幕墙绿色施工技术

1.曲面玻璃幕墙绿色施工特点及施工工艺流程

曲面幕墙结构工艺感强，异形曲面玻璃幕墙结构变化无穷，有良好的工艺性与艺术性，艺术表现力强烈。完善圆弧的矢高放线技术以确保弧形几何尺寸的精度，通过测定尺寸控制单元和观测点，防止误差积累。圆弧曲面玻璃幕墙板块的密拼调整技术，可通过设置考虑型钢骨架伸缩量变形的具有一定调节裕量的专用"U"形特殊构件，将玻璃幕墙板竖向拼缝的伸缩空隙宽度由通常的 10～20 mm 下降到 3 mm。在安装过程中通过分析确定预应力值，采用梯级张拉法确保内力平衡，保证了弧形曲面玻璃幕墙的形状和空间的动态控制。

圆弧曲面玻璃幕墙的绿色施工工艺流程如图 6-12 所示。

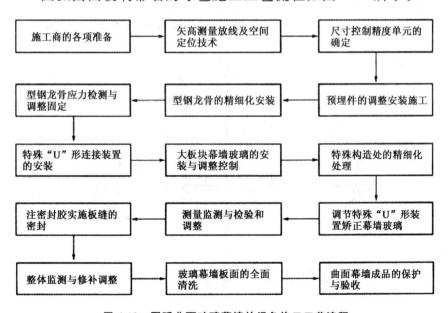

图 6-12　圆弧曲面玻璃幕墙的绿色施工工艺流程

2.曲面玻璃幕墙绿色施工技术要点

（1）基础测量放线的技术要点

基础放线根据原土建在一层轴线上，引出基础主轴线各两条，使主轴线完全闭合，根据主轴线排尺放出轴线网。针对曲面玻璃幕墙圆弧过渡计算圆弧的矢高放线，已知弧半径为 R，利用计算机测量弦为 AB，其具体的步骤是：根据图纸和现场建筑结构，利用现场结构轴线，确定 AB 两点；将弦 AB 分中找出中点 $O'N$，利用经纬仪作弦 AB 的垂线 OO'；将 AB 弦平分成几等份，即（$O'C = CD = DE = EF = FG = GH = HA$），利用已经测放好的垂线 ON 作为控制线，从各平分点作出弦 AB 的垂线；通过计算机量出 CC'、DD'、EE'、FF'、GG'、HH' 的矢高值，找出 C'、D'、E'、F'、G' 和 H' 点的位置；最后将各点线进行划弧。在四周设有后视点，设标准桩点组成十字形基准轴线网，以控制整体测量精度，各柱脚定位轴线采用盘左盘右取中定点法以消除误差。放线复验其单根轴线误差应不大于 3 mm，矢高放线技术示意图如图 6-13 所示。

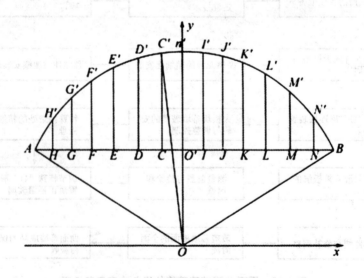

图 6-13 矢高放线技术示意图

（2）空间尺寸定位的技术要点

曲面玻璃幕墙采用特殊"U"形装置连接，圆弧异型玻璃幕墙板依靠边缘的卡槽通过连接装置与型钢龙骨相连,按可调整度确定型钢龙骨上的每个"U"形装置支撑定位点,误差必须控制在±1.5mm以内。采用三维空间坐标定位的方法对每一个"U"形装置支撑点进行尺寸精度控制,同时设定尺寸控制单元和观测点。

(3)型钢骨架安装的技术要点

型钢骨架焊接过程中测量出 50 基准线及轴线控制点,根据空间钢桁架结构两侧玻璃幕墙的装饰面距离,控制曲面玻璃幕墙龙骨完成面尺寸。据玻璃分格尺寸用铁丝拉出各异形板块分格控制点,测量放线时应控制分配误差,以控制误差累积。经反复试验确定预留值、预测、预控的程序,可设定为:安装落地钢桁架时进行初校→安装弧形钢桁架进行复校→落地钢桁架垂复校→高强螺栓终拧→标准桩垂直投点→排尺和放线→根据测量记录以图表形式提供施焊顺序→焊后进行标准柱竖向投点控制网闭合→排尺和放线作为下一循环的轴线。

(4)预埋件安装的技术要点

曲面玻璃幕墙预埋件采用平板形式,用后置螺栓进行固定,布设时根据预埋件布置图先测量放线确定预埋件的位置,要精确画出预埋件的中心线和孔距线。安装打孔时要位置精确,孔径和孔深要保证螺栓性能的正常发挥。安装后置螺栓时要控制孔深不能过深。

(5)连接件的安装操作要点

曲面玻璃幕墙采用镀锌或不锈钢板连接铁件作为曲面玻璃幕墙结构与主体结构的连接点,其也是调整位移实现三维控制的主要部件之一。安装孔或安装平面需做到平整垂直,标高偏差和左右位置偏差不大于 3 mm,平面外偏差不大于 2 mm。控制线用经纬仪或重型线锤定位,与玻璃幕墙平面相平行并与玻璃幕墙本身留有一定的安装间隙用以控制检测安装尺寸。

(6)特殊"U"形连接装置安装操作要点

特殊"U"形可调节装置安装前应精确确定其安装位置,安装过程中应保证能够进行"三准"调整,安装完毕应对其位置进行检验,其偏差控制与检验结果应符合表 6-4 所示。

表6-4　特殊"U"形连接装置安装技术要求

名称	允许偏差/mm	名称	允许偏差/mm
相邻竖向构件间距	±2.5	同层高度内高低差	7
竖向构件垂直度	≤5	相邻"U"形装置垂直间距	±2
相邻三竖向构件外表面平面度	5	"U"形装置端面平整度	6
相邻"U"形装置水平度	2	—	—

（7）曲面幕墙玻璃板的安装技术要点

玻璃材折弯后用铝合金或钢副框固定成形，副框与板侧折边可用抽芯铆钉紧固，铆钉间距应在200 mm左右，板的正面与副框接触面用结构胶黏结。板材转角处应用角码连接固定并在接缝处用密封胶密封以防止渗水。固定角铝按照板块分格尺寸进行排布，通过拉铆钉与玻璃折边固定，其间距保持在300 mm以内。板块设置中加强肋，肋与板可采用螺栓连接或采用3M胶带、结构胶进行黏结。

（8）曲面玻璃幕墙特殊构造处处理的技术要点

玻璃幕墙转角部位的处理通常是用一条直角玻璃与外墙板直接用螺栓连接，或与角位立梃固定。玻璃幕墙交接部位的处理应先固定其骨架，再将定型收口板用螺栓与其连接，且在收口板与上下板材交接处加橡胶垫或注密封胶，特殊的处理是解决排水问题。玻璃幕墙墙面边缘部位收口，是用金属板或形板将玻璃幕墙端部及龙骨部位封盖；玻璃幕墙墙面下端收口处理用一条特制挡水板，将下端封住，同时将板与墙缝隙盖住，防止雨水渗入室内。玻璃幕墙变形缝的处理应满足建筑物伸缩、沉降的需要，同时也应达到装饰效果。

3. 曲面玻璃幕墙绿色施工的环境保护措施

施工现场应建立适用于幕墙施工的环境保护管理体系，并保证有效运行，整个施工过程中应遵守工程所在地环保部门的有关规定,施工现场应做到文明施工。施工应按照《中华人民共和国环境保护法》,防治因施工对环境的污染,施工组织设计中应用防治扬尘、废水和固体废弃物等污染环境的控制;施工废弃物应分类统一堆放处理;密封胶使用完毕后胶桶应集中放置,胶带撕下后应收集,统一处理。施工现场应遵照《建筑施工场界环境噪声排放标准》来制定防治噪声污染措施。施工下料应及时回收,包括中性耐候硅酮等,并做好施工现场的卫生清洁工作。

(二)太阳能幕墙整体安装与调试的绿色施工技术

1.太阳能幕墙绿色施工技术特点及施工工艺流程

采用大面积板块整体安装技术与综合布线技术相结合的同步施工方法,可保证工艺的合理性,是实现新型太阳能幕墙独特功能的保证。采用包含单晶硅电池片构件的幕墙玻璃,进行精细化的大板块密拼与固定技术,使用专门研发的自载光伏电源两维全自动双轨外挂吊篮装置,保证幕墙玻璃在高空吊装及拼装过程中的安全稳定性,也是同步完成后期调试的接口工作。按照线路检查、绝缘电阻检测、接地电阻检测、系统性能测试与调整等流程进行太阳能幕墙电气系统的测试和调试,可满足太阳能光伏阵列电压、电流的误差在 2% 以内,测试电压范围 10～1 000 V 的高精度。

太阳能幕墙整体安装的关键在于太阳能光电玻璃幕墙板块的密拼和复杂综合布线的交叉布置,其总的施工工艺流程如图 6-14 所示。

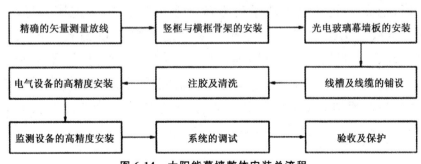

图 6-14　太阳能幕墙整体安装总流程

2. 太阳能幕墙的绿色施工技术要点

(1)测量放线的操作要点

根据土建工程在一层轴线引出基础主轴线各两条,利用矢高放线技术以保证主轴线完全闭合,再根据主轴线排尺放出轴线网。在四周设置后视点和标准桩点,组成"十"字形基准轴线网,以控制整体测量精度。钢骨柱脚定位轴线采用盘左盘右取中定点法消除误差。切割柱底衬板时切割长度不大于 3 mm,通过打磨平整以保持焊缝尺寸的要求,同时利用地脚螺栓间隙进行偏差调整。

(2)安装竖框与横框钢骨的技术要点

龙骨安装前使用经纬仪对横框、竖框进行贯通,检查并调整误差,龙骨的安装顺序为先安装竖框,然后再安装横框,安装工序由下往上逐层展开。竖框在安装过程中应随时检查竖框的中心线,并及时通过特殊"U"形连接装置纠正偏差。竖框与结构连接件之间采用不锈钢螺栓进行连接,连接件上的螺栓孔为长圆孔,以保证竖框的前后调节,连接件与竖框接触部位加设绝缘垫片,以防止电解腐蚀。竖框调整后拧紧螺栓进行固定,然后进行横框安装。横框安装自下而上进行,每安装完一层均进行检查、调整、校正。

(3)安装太阳能光电玻璃幕墙板的操作要点

吊装前将光电板块吸盘固定在玻璃面板上,用帆布条将吸盘把手与光电板块缠紧。吸盘固定好后将汽车吊的吊钩钩住吸盘把柄,把太阳能光电板块吊升至施工层,进行对槽、进槽、对胶缝和将接线盒引出线就位等工作。太阳能光电板块初装完成后就对板块进行调整,调整的标准即横平、竖直、面平,横平要求横框水平、胶封水平。太阳能光电板块调整完成后即要采用橡胶垫块固定,垫块要压紧,杜绝光电板块松动现象。太阳能光电板安装时要进行全过程的质量控制。

（4）线槽及电缆铺设连接综合布线的技术要点

线槽应保证平整、无扭曲变形、内壁无毛刺、各种附件齐全，线槽接口应平整，接缝处紧密平直，槽盖装上后应平整、无上翘变形、出线口的位置准确。线槽的所有非导电部分的铁件均应相互连接跨接，使其成为一连续导体并做好整体接地。电缆敷设时采用人力牵引。太阳能电池组件间的布线使用 4 mm 的导线，太阳能电池组件有两根电缆引出，有正负之分，须确认接线极性并将线缆引到直流防雷箱内。直流防雷箱内并联接线，并把组件串的编号标记在电缆上，按标记和图纸接线。

（5）电气设备安装前的注胶与清洗技术要点

注胶过程中加强对成品的保护，按照填塞垫杆、粘贴刮胶纸、注密封胶、刮胶和撕刮胶纸的顺序进行。选择规格适当、质量合格的垫杆填塞到拟注胶缝中，保持垫杆与板块绿色施工综合技术及应用侧面有足够的摩擦力，填塞后垫杆凹入表面距玻璃表面约 4 mm。

（6）电气及监控系统的技术要点

并网柜安装所在变配电室的环境要求室内洁净、安全，预制加工的槽钢调直、除锈、刷防锈底漆。基础槽钢安装完毕后将配电室内接地干线与槽钢可靠连接，检查并网柜上的全部电器元件是否相符，其额定电压和控制、操作电源电压等是否匹配。并网柜箱体及箱内设备与各构件间的连接应牢固，箱体与接地金属构架可靠接地，箱内接线包括分回路的电线与并网柜元件连接，消防弱电等控制回路导线的连接。箱内接线总体要求接线正确、配线美观、导线分布协调，根据导线的功能、线径及连接器件的种类采用不同的连接方式。

（7）太阳能电气系统调试的技术要点

新型太阳能幕墙的电气系统调试按照线路检查、绝缘电阻检测、接地电阻检测、系统性能测试与调整等流程进行。检查送电线路有无可能导致供电系统出现短路或断路的情况，确认所有隔离开关、空气开关处于断开位置，熔断器处于断开位置和观察并网柜是否正常工作。检查监控软件是否正常显示光伏系统发电量、电压、频率、二氧化碳减排量等系统参数。

3.太阳能幕墙绿色施工技术的环境保护措施

（1）作业区环保的主要措施

所有材料、成品、板块、零件分类按照有关物品储运的规定堆放整齐，标志清楚，施工现场的堆放材料按施工平面图码放好各种材料，运输进出场时码放整齐，捆绑结实，散碎材料防止散落，门口处设专人清扫。尽量选择噪声低、振动小、公害小的施工机械和施工方法，减小对现场周围环境的干扰，严防噪声污染。焊接的施工过程应采取针对性的防护措施，防止发生强烈的光污染。

（2）施工区环保的主要措施

所有设备排列整齐，明亮干净，运行正常并标志清楚，专人负责材料保管和清理卫生，务必保持场地整洁。建立材料管理制度，按照 ISO 9001 认证的文件程序，严格做到账目清楚，账实相符，管理严密。

四、建筑安装工程绿色施工综合技术

建筑安装工程绿色施工综合技术主要有大截面镀锌钢板风管的制作与绿色安装技术、异形网格式组合电缆线槽的绿色安装技术、超高层建筑电梯无脚手架的绿色施工技术、大跨度钢支撑体系搭设的绿色施工技术等。以下重点说超高层建筑电梯无脚手架的绿色施工技术、大跨度钢支撑体系搭设的绿色施工技术。

（一）超高层建筑电梯无脚手架的绿色施工技术

通过将电梯主机先期实现临时减速运转，并利用电梯轿厢架作为作业平台，进行井道内的支架安装、导轨定位、层站部件安装、井道内电气配线等作业，使得电梯安装更为安全，效率更高。

将电梯设备起重至建筑物各指定部位，在机房上部样板设定后，进行机房排布和导轨起吊。使用卷扬机吊起首根导轨，在井道底层顺次连接每根导轨,将连接完成的导轨顶部固定在机房楼板上,最下端固定在缓冲装置的底座上,然后设置最下面的2档支架。在井道底部拼装轿厢架和对重架,用卷扬机将对重架起吊至最顶层。设置曳引钢丝绳。在轿厢架上搭建上下层工作平台。进行初步的电气线路的设置,安装缓冲装置、紧急自动装置等安全设备,借用电梯本身的曳引设备使工作平台能进行低速运转。随工作平台沿导轨升降,安装人员在工作平台上依次进行导轨支架安装、层门装置安装、井道内设备的安装和配置作业。无脚手架安装顺序流程如图 6-15 所示。

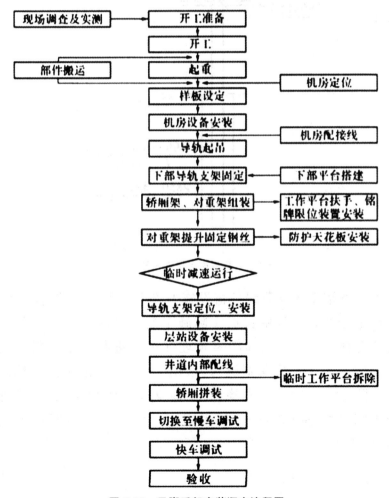

图 6-15 无脚手架安装顺序流程图

（二）大跨度钢支撑体系搭设的绿色施工技术

大跨度钢支撑常采用斜抛撑形式，斜抛撑采用双拼 $500\times300\times11\times18$H 型钢制作，区域内支撑采用双拼 $\varphi609\times16$ 钢支撑，支撑间联系杆采用 $400\times400\times13\times21$H 型钢，其设计构造如图 6-16 所示。

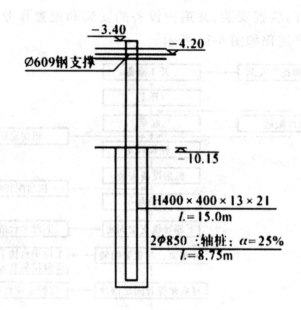

图 6-16 大跨度钢支撑体系构造特点

大跨度钢支撑体系绿色搭设施工流程如图 6-17 所示。

在施工准备过程中根据实际施工要求及时配齐支护所需的钢支撑等材料。根据实际圈梁预埋件尺寸进行丈量下料并及时进行安装。支撑安装在基坑内，采用一台 50 吨吊车。立柱设置要保证防止大跨度支撑失稳，为提高支撑整体稳定性，在基坑内部设置临时性钢立柱，钢立柱采用 $400\times400\times13\times21$H 型钢制作，长度为 15 m。

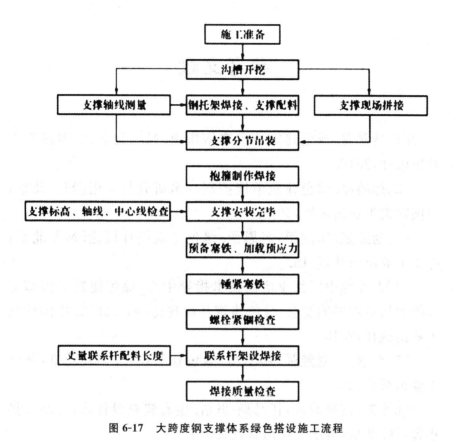

图 6-17　大跨度钢支撑体系绿色搭设施工流程

参考文献

[1]马素贞.绿色建筑技术实施指南[M].北京:中国建筑工业出版社,2016.

[2]孙鸿昌.绿色建筑节能控制技术研究与应用[M].北京:中国建筑工业出版社,2016.

[3]刘经强,田洪臣,赵恩西.绿色建筑设计概论[M].北京:化学工业出版社,2015.

[4]人社部中国就业培训技术指导中心,绿色建筑工程师专业能力培训用书编委会.绿色建筑基础理论[M].北京:中国建筑工业出版社,2015.

[5]李继业,刘经强,郗忠梅.绿色建筑设计[M].北京:化学工业出版社,2015.

[6][美]富恩斯特,托马斯-里斯.生态建筑设计指南[M].吴小菁,译.北京:电子工业出版社,2015.

[7]张晓宁,等.绿色施工综合技术及应用[M].南京:东南大学出版社,2014.

[8]刘俊颖.工程管理研究前沿与趋势[M].北京:中国城市出版社,2014.

[9]周梦.绿色建筑全生命周期的费用效益分析研究[D].西安交通大学,2014.

[10]江苏省工程建设标准站.绿色建筑标准体系[M].北京:中国建筑工业出版社,2014.

[11]杨柳,等.建筑节能综合设计[M].北京:中国建筑工业出版社,2014.

[12]李飞,杨建明.绿色建筑技术概论[M].北京:国防工业出版社,2014.

[13]刘睿.绿色建筑管理[M].北京:中国电力出版社,2013.

[14]韩文科,等.绿色建筑:中国在行动[M].北京:中国经济出版社,2013.

[15]宗敏.绿色建筑设计原理[M].北京:中国建筑工业出版社,2010.

[16]刘加平,等.绿色建筑概论[M].北京:中国建筑工业出版社,2010.

[17]许锦标,张振昭.楼宇智能化技术[M].北京:机械工业出版社,2010.

[18]卜一德.绿色建筑技术指南[M].北京:中国建筑工业出版社,2008.

[19]林宪德.绿色建筑:生态节能减废健康[M].北京:中国建筑工业出版社,2007.

[20]中国建筑科学研究院.绿色建筑在中国的实践——评价、示例、技术[M].北京:中国建筑工业出版社,2007.

[21]张神树,高辉.德国低/零能耗建筑实例解析[M].北京:中国建筑工业出版社,2007.

[22]国家发展改革委,建设部.建设项目经济评价方法与参数[M].3版.北京:中国计划出版社,2006.

[23]中华人民共和国建设部.GB/T50378—2006绿色建筑评价标准[S].北京:中国建筑工业出版社,2006.

[24]王庆春,等.房地产开发概论[M].大连:东北财经大学出版社,2004.

[25]王荣光,沈天行.可再生能源利用与建筑节能[M].北京:机械工业出版社,2004.

[26]蔡秀丽.建筑设备工程[M].北京:科学出版社,2003.

[27]孟晓苏.中国房地产业发展的理论与政策研究[M].北京:经济管理出版社,2002.

[28]李德英.建筑节能技术[M].北京:机械工业出版社,2006.

[29]李海英,等.生态建筑节能技术及案例分析[M].北京:

中国电力出版社,2007.

　　[30]牛犇.绿色建筑开发管理研究[D].天津大学,2011.

　　[31]田蕾.建筑环境性能综合评价体系研究[D].清华大学,2007.

　　[32]侯玲.基于费用效益分析的绿色建筑的评价研究[D].西安建筑科技大学,2006.

　　[33]刘春江.绿色建筑评价技术与方法研究[D].西安建筑科技大学,2005.

　　[34]李亚男.我国绿色建筑的现状及发展趋势分析[J].四川水泥,2015(11).

　　[35]刘发明,赵丽莎.绿色建筑开发管理发展现状和对策措施研究[J].赤峰学院学报(自然科学版),2015(12).

　　[36]杨柳,杨晶晶,宋冰,朱新荣.被动式超低能耗建筑设计基础与应用[J].科学通报,2015(18).

　　[37]袁镔,宋晔皓,林波荣,等.澳大利亚绿色建筑政策法规及评价体系[J].建设科技,2011(10).

　　[38]郭韬,张蔚,刘燕辉.新加坡绿色建筑及政策法规评价体系[J].建设科技,2011(10).

　　[39]牛犇,杨杰.绿色建筑开发管理分析与思考[J].价值工程,2010(26).

　　[40]张建斌.经济评价中风险分析方法研究[J].石油化工技术经济,2003(19).

　　[41]崔英姿,赵源.持续发展中的生态建筑与绿色建筑[J].山西建筑,2004(8).

　　[42]张亚民.生态建筑设计的原则及对策研究[J].节能技术,2004(2).

　　[43]沈丽.生态建筑理念解析[J].国外建材科技,2002(1).

　　[44]中建建筑承包公司.绿色建筑概论[J].建筑学报,2002(7).

　　[45]吴丽莉.绿色施工中的节能措施[J].建筑技术:2009(6).

　　[46]周文娟,陈家珑,路宏波.我国建筑垃圾资源化现状与对

策[J].建筑技术,2009(8).

[47]杨之安.施工用电节能的控制措施[J].建筑安全,2010(2).

[48]徐文瑾.浅析现阶段建筑给排水施工中的节能措施[J].建材发展导向,2011(6).

[49]丁园园,贾宏俊.浅谈当前我国建筑节能[J].山西建筑,2010(35).

[50]李慧,卢才武,李芊.中国建筑节能政策管理研究[J].科技进步与对策,2008(25).

[51]仇保兴.我国绿色建筑发展和建筑节能的形势与任务[J].城市发展研究,2012(5).

[52]薛明,胡望社,杜磊磊.绿色建筑发展现状及其在我国的应用探讨[J].后勤工程学院学报,2009(3).

[53]王有为.实施绿色建筑对环境保护的重要意义[J].浙江建筑,2008(9).

[54]田淑芬.绿色建筑与建筑业可持续发展[J].建筑经济,2005(12).

[55]张希黔,林琳,王军.绿色建筑与绿色施工现状及展望[J].施工技术,2011(8).

[56]刘抚英,厉天数,赵军.绿色建筑设计的原则与目标[J].建筑技术,2013(3).

[57]宋晔皓,王嘉亮,朱宁.中国本土绿色建筑被动式设计策略思考[J].建筑学报,2013(7).

[58]王建龙,车伍,易红星.低影响开发与绿色建筑的雨水控制利用[J].工业建筑,2009(3).

[59]吴向阳.绿色建筑设计的两种方式[J].建筑学报,2007(9).

结语

  中国在绿色建筑方面的研究和实践尚属起步阶段,并未形成完整的理论体系,实践经验比较匮乏,当务之急是首先以系统科学为基础,进行全方位的、整体的、多层次的理论体系研究,以理论指导绿色建筑设计。此外,对绿色建筑各项指标的量化研究,制定和颁布有关评估标准与规范也应提上日程。

  在建筑全寿命周期内,绿色建筑是能够最大限度地保护环境、节约资源和减少污染;为人们提供健康、适用和高效的使用和居住空间;与自然和谐共生的建筑。绿色建筑的核心是节能、节水、节地、节材和环境保护,精髓是因地制宜。

  开展绿色建筑行动,以绿色、循环、低碳理念来指导城乡建设,严格执行建筑节能强制性标准,扎实推进既有建筑的节能改造,提高建筑的舒适性、安全性和健康性,对转变城乡建设模式,改善群众生产生活条件,破除能源资源瓶颈约束,培育节能环保、新能源等战略性新兴产业,具有十分重要的意义。我们还应将绿色建筑应用于保障性住房的建设与开发,使广大人民群众都深深地感受到绿色建筑的优越性,使绿色建筑融入社会的建设发展。

  总之,中国正处在发展中阶段,绿色建筑的设计也正在世界各国大力推广,中国应紧跟世界的步伐,大力发展绿色建筑。我相信在不久的将来,它将渗透到人们生产和生活的各个领域,促进绿色产业的产生和发展。可以预期,绿色建筑在可持续发展理念正确的引导和规范下,必将不断走向完善和成熟。